U0350589

全国气象灾害综合风险普查系列丛书

主　编：余　勇　副主编：巢清尘　王亚伟　王国复

内蒙古自治区气象灾害风险评估

达布希拉图　赵艳丽◎主编

气象出版社
China Meteorological Press

内 容 简 介

　　本书介绍了内蒙古自治区的气候概况、经济和社会发展概况及主要气象灾害概况、数据制备及处理方法、风险评估技术方法,分析了内蒙古暴雨、干旱、大风、冰雹、高温、低温、雷电、雪灾和沙尘暴共 9 种气象灾害的致灾因子特征、致灾危险性评估结果,及其针对人口、GDP 和不同农作物的风险评估与区划结果,提出了气象灾害防御建议。为气象灾害致灾危险性评估以及风险评估与区划提供参考依据,以期客观认识内蒙古气象灾害综合风险水平,为地方各级政府有效开展气象灾害防治和应急管理工作、切实保障社会经济可持续发展提供了权威的气象灾害风险信息和科学决策依据。

图书在版编目（ＣＩＰ）数据

　　内蒙古自治区气象灾害风险评估 ／ 达布希拉
图,赵艳丽主编. -- 北京 : 气象出版社, 2023.12
　ISBN 978-7-5029-8152-5

　　Ⅰ. ①内… Ⅱ. ①达… ②赵… Ⅲ. ①气象灾害－风
险评价－内蒙古②气象－气候区划－内蒙古 Ⅳ. ①P429

　　中国国家版本馆CIP数据核字(2023)第256596号

内蒙古自治区气象灾害风险评估
Neimenggu Zizhiqu Qixiang Zaihai Fengxian Pinggu

出版发行：气象出版社

地　　址：北京市海淀区中关村南大街 46 号　　　　　**邮政编码**：100081

电　　话：010-68407112(总编室)　 010-68408042(发行部)

网　　址：http://www.qxcbs.com　　　　　　　　　　**E-mail**：qxcbs@cma.gov.cn

责任编辑：王　迪　　　　　　　　　　　　　　　　　**终　　审**：张　斌

责任校对：张硕杰　　　　　　　　　　　　　　　　　**责任技编**：赵相宁

封面设计：地大彩印设计中心

印　　刷：北京建宏印刷有限公司

开　　本：889 mm×1194 mm　1/16　　　　　　　　　**印　　张**：12.5

字　　数：360 千字

版　　次：2023 年 12 月第 1 版　　　　　　　　　　　**印　　次**：2023 年 12 月第 1 次印刷

定　　价：125.00 元

丛书编委会

编 委 会

主　　　编：余　勇

副　主　编：巢清尘　王亚伟　王国复

编　　　委：马宏滨　王文义　王志华　毛时成　冯　文　刘作挺

刘建军　刘海波　刘　强　那济海　孙国栋　孙治贵

李　飞　李　刚　李　林　杨　林　杨　智　肖秧琳

肖　潺　吴德辉　何　清　汪克付　汪金福　张　迪

赵奎锋　胡劲松　姚志国　郭志武　唐红昇　陶健红

黄永新　蒋大凯　蒋　涛　曾　琮　蔡亲波　潘劲松

工 作 组

组　　　长：王国复

成　　　员：马旭清　王有恒　尹宜舟　孔剑君　古　月　石　锋

代潭龙　吕厚荃　刘　涛　闫　峰　江　丽　杜　红

李　灿　李　莹　李　涛　杨　捷　吴坤悌　吴　霞

何　浪　沈秋宇　张晓东　张锐锐　张颖娴　陈优宽

陈艳蝶　邵　洋　武艳娟　卓　玛　孟　雪　赵恒刚

高锡帅　高　歌　唐　杰　戚泽伟　常　钢　章建成

梁　科　谢亦峰　蔡江涛　翟建青　熊千其　黎惠金

魏国财

本书编委会

编审委员会

编写委员会

分灾种编写组

暴　雨：孟玉婧　刘诗梦　申紫薇

高　温：冯晓晶　董祝雷　高志国

低　温：杨　晶　刘诗梦　杨司琪　高　晶　刘啸然

雪　灾：于凤鸣　张　宇　杨丽桃

干　旱：刘　新　杨司琪　范灵悦　陈素华　吴瑞芬　唐红艳
　　　　王海梅　苗百岭　朝鲁门　张存厚　段晓凤　吴国周
　　　　云文丽　刘　昊　金林雪　王惠贞　王志春　李　丹
　　　　越　昆　贾成朕　乌　兰

大　风：仲　夏　刘　柯　姜雨蒙　张莫日根　霍志丽

冰　雹：云静波　周志花　银　莲　张　璐　柳志慧

雷　电：宋昊泽　李庆君　石茹琳　刘正源　王曼霏　东　方

沙尘暴：赵　斐　袁慧敏　邹逸航　马学峰　郭炳瑶　宝乐尔
　　　　付辰龙　李　蓉　迎　春

编写分工

冯晓晶撰写第 1 章 1.1 节、1.2 节和第 2 章 2.1 节、2.2 节,并完成全书合稿、审核。

孟玉婧撰写第 3 章 3.1 节、3.10 节和第 4 章 4.1 节、4.10 节,刘诗梦撰写第 3 章 3.1 节和第 5 章 5.1 节,申紫薇撰写第 7 章 7.1 节。

刘新撰写第 3 章 3.2 节和第 7 章 7.2 节,杨司琪撰写第 4 章 4.2.2 节和第 5 章 5.2.1 节、5.2.2 节,范灵悦撰写第 4 章 4.2.1 节,陈素华、李丹撰写第 5 章 5.2.3.1 节,王志春撰写第 3 章 3.2.4.1 节,吴瑞芬、王惠贞撰写第 3 章 3.2.4.2 节和第 5 章 5.2.3.2 节,张存厚、朝鲁门、段晓凤和越昆撰写第 3 章 3.2.4.3 节、3.2.5 节和第 5 章 5.2.3.3 节,唐红艳撰写第 3 章 3.2.4.4 节,金林雪撰写第 5 章 5.2.3.4 节,云文丽、苗百岭、贾成朕和吴国周撰写第 3 章 3.2.4.5 节和第 5 章 5.2.3.5 节,王海梅、刘昊、乌兰撰写第 3 章 3.2.4.6 节和第 5 章 5.2.3.6 节。

仲夏撰写第 5 章 5.3 节,姜雨蒙撰写第 4 章 4.3 节,刘柯撰写第 3 章 3.3.1 节、3.3.2 节,张莫日根撰写第 3 章 3.3.3 节,霍志丽撰写第 7 章 7.5 节。

云静波撰写第 4 章 4.4 节,周志花撰写第 3 章 3.4 节,银莲、张璐撰写第 5 章 5.4 节,柳志慧撰写第 7 章 7.6 节。

冯晓晶撰写第 3 章 3.5 节和第 7 章 7.3 节,董祝雷撰写第 4 章 4.5 节,高志国撰写第 5 章 5.5 节。

杨晶撰写第 3 章 3.6 节,刘诗梦、杨司琪撰写第 4 章 4.6 节和第 7 章 7.4 节,高晶、刘啸然撰写第 5 章 5.6 节。

王曼霏撰写第 2 章 2.3 节、2.4 节,宋昊泽、李庆君、刘正源撰写第 3 章 3.7 节,石茹琳、东方、王曼霏撰写第 4 章 4.7 节,宋昊泽、刘正源撰写第 5 章 5.7 节,李庆君、东方撰写第 7 章 7.8 节。

于凤鸣撰写第 3 章 3.8 节、第 4 章 4.8 节和第 7 章 7.7 节,张宇撰写第 5 章 5.8.1 节,杨丽桃撰写第 5 章 5.8.2 节。

赵斐撰写第 3 章 3.9 节,赵斐、马学峰、宝乐尔、付辰龙撰写第 4 章 4.9 节,袁慧敏、郭炳瑶、李蓉、迎春撰写第 5 章 5.9 节,邹逸航撰写第 7 章 7.9 节。

目 录

第 1 章

概 况

内蒙古自治区地处我国北部边疆，自东北向西南呈弧状，西起 $97°12'E$，东至 $126°04'E$，横跨经度 $28°52'$，直线距离 2400 km；南起 $37°24'N$，北至 $53°23'N$，纵越纬度 $15°59'$，直线距离 1700 km；全区总面积 $1.18×10^6$ km²，占全国土地面积的 12.3%，居全国第 3 位。东、南、西依次与黑龙江、吉林、辽宁、河北、山西、陕西、宁夏和甘肃八省区毗邻，跨越"三北"（东北、华北、西北），靠近京津；北部同蒙古国、俄罗斯接壤，国境线长 4221 km。东部距海较近，西部则深居内陆。

内蒙古地形以高原为主，高原从东北向西南延伸 3000 km，地势由南向北、由西向东缓缓倾斜，一般地区海拔 1000～1500 m（图 1.1）。内蒙古高原可划分为呼伦贝尔高原、锡林郭勒高原、乌兰察布高原和阿拉善、巴彦淖尔及鄂尔多斯高原四部分。高原边缘的山峦，主要有大兴安岭、阴山、贺兰山等。高原的外沿，分布着河套平原、鄂尔多斯高原和辽嫩平原。高原面积占全区总面积的 53.4%，山地占 20.9%，丘陵占 16.4%，平原与滩川占 8.5%，河流、湖泊、水库等水面面积占 0.8%。

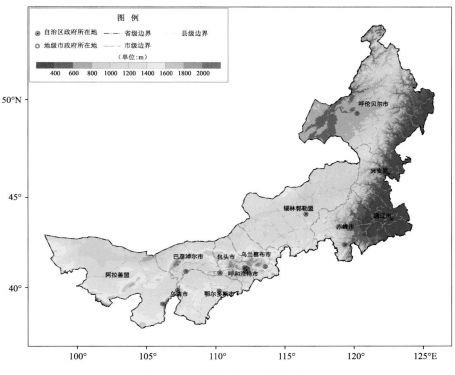

图 1.1   内蒙古自治区海拔高度

1.1   气候概况

内蒙古大部分地区属于温带大陆性季风气候区，气候复杂多样，四季分明。春季干旱少雨，多大风天气；夏季短促温热，降水集中；秋季气温剧降，秋霜来得早；冬季漫长严寒，冬雪少，多寒潮天气。境内大兴安岭呈东北—西南向贯穿于内蒙古东部，阴山山脉东西向横亘在内蒙古中南部，大兴安岭和阴山山脉是全区气候差异的重要自然分界线，大兴安岭以西和阴山以北地区的气温和降水量明显低于大兴安岭以东和阴山以南地区。

内蒙古年平均气温常年值（1991—2020 年平均）在 $-3.9～9.9$ ℃，其分布从东北向西南递增，全区平均气温为 5.5 ℃；1 月最冷，7 月最热，极端最高气温在 $34.1～45.7$ ℃，极端最低气温在 $-49.6～-25.2$ ℃；气温年较差在 31～46 ℃,气温日较差为 11～17 ℃。内蒙古大部分地区降水稀少,干旱严重。年平均降水量在 39.3～561.1 mm,全区平均为 324.0 mm,空间分布趋势与气温分布相反,从东北向西南递减,因而形成在热量最多的地区降水量最少,热量最少的地区降水量多的水热分布不平衡的格局。内蒙古太阳能资源丰富,全年日照时数大部分地区在 2700 h 以上,阿拉善高原的西部地区多达 3400 h 以上。内蒙古风能资源丰富,年有效风能储量普遍在 600 kW·h 以上,是全国风能资源最丰富的地区之一。

1.2　经济和社会发展概况 ▶▶▶▶

内蒙古辖 9 个地级市、3 个盟,即呼和浩特市、包头市、呼伦贝尔市、兴安盟、通辽市、赤峰市、锡林郭勒盟、乌兰察布市、鄂尔多斯市、乌海市、巴彦淖尔市及阿拉善盟。盟(市)下辖 23 个市辖区、11 个县级市、17 个县、49 个旗、3 个自治旗,合计 103 个县级行政区划。2020 年末总人口 2404.92 万人,其中蒙古族人口 4701544 人,占人口总数的 19.33%。

2020 年内蒙古全年地区生产总值 17359.8 亿元,比 2019 年增长 0.2%;全年一般公共预算收入 2051.3 亿元;居民人均可支配收入 31497 元。内蒙古草场面积 8800 万 hm²;营造林面积 130 多万 hm²,森林覆盖率为 23%;牲畜总头数 7433 多万头(只),肉类总产量 267.95 万 t,奶类产量 617.87 万 t,山羊绒产量 6717.63 t。

2020 年内蒙古农作物总播种面积 888.3 万 hm²,其中粮食作物播种面积 683.3 万 hm²,粮食产量 3664.1 万 t。2020 年末内蒙古城市面积 10466.46 km²,城市建成区面积 2256.01 km²,公园个数 805 个,公园面积 24491.72 hm²,建成区绿化覆盖面积 87654.42 hm²。

1.3　气象灾害概况 ▶▶▶▶

内蒙古气象灾害与其气候背景和所处地理位置密切相关。内蒙古地处东亚中纬度内陆,东有大兴安岭、燕山和太行山山脉,阻挡着太平洋水汽从大气低层输向内蒙古,西南有平均高度达 4000～5000 m 的青藏高原,阻挡着印度洋向内蒙古的水汽输送,而遥远的大西洋和北冰洋上的水汽,经过数千千米的长途传输,辗转消耗,也很难到达内蒙古,内蒙古因此受不到海风的直接影响,终年在大陆气团的控制下,气候十分干燥。大兴安岭北部是本区唯一的半湿润气候区,大兴安岭西部已属于半干旱气候区,其西侧开始向干旱区过渡,内蒙古西部已属极干旱区,分布着毛乌素沙地、库布其沙漠、乌兰布和沙漠、腾格里沙漠和巴丹吉林沙漠。另外,在内蒙古中西部横亘着东西向的阴山山脉,从西南方向来的黄河,在大青山前向东折。内蒙古的这种地形和下垫面特点,在很大程度上决定着本区各种气象灾害的分布特点。

干旱是内蒙古发生次数最多、分布范围最广、影响程度最大的气象灾害。内蒙古每年出现区域性连季干旱的概率约为 54%,特别是内蒙古中西部地区更是"十年九旱""三年两中旱""五年一大旱",内蒙古东部地区也是"三年两旱""七年一大旱"。

内蒙古洪涝灾害的发生与 3 个暴雨中心密切相关,即呼伦贝尔市岭东到兴安盟东北部、赤峰市东北部到通辽市东部,以及鄂尔多斯市东北到呼和浩特、包头一带。一般来说,内蒙古中西部,尤其是沿山地区,出现的主要是洪灾,而东部地区有洪也有涝。

内蒙古高温天气呈西多东少、块状分布的空间分布特征。中西部地区高温出现频率较高,东南部和中部偏北地区出现频率次之,而中部偏南地区出现频率较低。内蒙古高温天气主要出现在 6—8 月,以 7 月上旬、7 月下旬至 8 月上旬两个时段出现的频率最高。高温不仅危害人体健康,导致中暑、诱发疾病甚至死亡,影响人们的正常生活和工作,严重的高温灾害还会影响城市供水供电安全,影响粮食生产和生态环境,导致作物减产、饮水困难、河流断流、植物枯死等。增加森林草原和城市火险,引发森林草原火灾等,给农牧业生产造成损失。

冰雹和雷电也是内蒙古多发的灾害,这与内蒙古夏季经常出现的大气局地强不稳定有关。除了东亚夏季风和沙漠边缘地区强烈的干湿和热力对比造成的不稳定天气之外,内蒙古许多丘陵山区因沟壑纵横地形起伏,在强烈的太阳辐射下,很易产生由下垫面加热不均而引起的小范围剧烈对流,特别是当有锋面或飑线等天气系统影响时,在天气系统影响、大气不稳定、干湿对比及地形的共同作用下,很易产生雷暴和冰雹天气。频繁的降雹和雷击给内蒙古造成严重损失。

风灾是内蒙古冬春季频繁发生的灾害,因内蒙古所在的东亚中纬度地区是极锋活跃的地带。冬季,内蒙古是地面蒙古冷高压和西伯利亚强冷空气南下的必经之地;春季,这一带又是蒙古气旋频繁活动的地区,寒潮、强冷空气爆发和蒙古气旋活动,常给内蒙古带来大风和沙尘暴天气。由于内蒙古干燥少雨,植被稀疏,地表裸露,一遇大风极易卷起沙尘,形成沙尘暴。尤其中西部地区和东部偏南地区是受沙尘暴危害最大的地区,这一带春季是蒙古气旋发展最活跃的季节,又是大地解冻、失水最严重的季节,蒙古气旋强烈发展所造成的大风,便形成了一次次强沙尘暴过程。

雪灾是内蒙古的又一种严重灾害。一旦发生大雪以上天气过程,草原上的牧草完全被大雪掩埋,家畜因长期吃不到牧草,便会冻饿而死,这种雪灾被牧民们形象地称之为"白灾",在 20 世纪出现的频率较高,影响地域主要在内蒙古中东部偏北牧区,而且受危害的又都是牧业。进入 21 世纪以来,随着牧区防灾能力的增强和过程降雪极端性的增强,对牧区影响较大的"白灾"出现的频率逐渐降低,而对设施农业、电力设施、工业设施、交通影响较大的雪灾的出现频率逐渐升高。

寒潮和霜冻也是内蒙古常见的气象灾害,主要发生在冬半年,会引起剧烈的降温和地面大风,有时还伴有雪(雨)、霜冻等天气,对内蒙古农牧业、工业、交通、国防建设等都有很大影响,是严重的气象灾害之一。

综上所述,内蒙古是一个气象灾害频发的地区,除了台风以外,其他各种气象灾害都可在内蒙古发生。

第 2 章

数据制备与处理方法

2.1 气象资料

内蒙古自治区暴雨、干旱、大风、冰雹、高温、低温、雷电、雪灾、沙尘暴 9 种气象灾害风险评估与区划使用内蒙古自治区范围内 119 个国家级地面气象观测站 1978—2020 年气象资料,以日值和小时资料为主,主要包括降水量、气温、雷暴日数、闪电定位、风速、冰雹记录、相对湿度、最小能见度、降雪量、积雪深度、天气现象等气象要素。高温灾害风险评估还使用了内蒙古骨干区域自动气象站 2016—2020 年逐日气温观测数据。

2.2 地理信息资料

内蒙古气象灾害风险评估与区划中使用的地理信息资料主要包括行政边界数据(国务院第一次全国自然灾害综合风险普查领导小组办公室(国务院普查办)共享)、数字高程模型(DEM)数据。雷电、大风、暴雨等灾害风险评估还使用了土地利用、土壤、森林覆盖、水系等数据。

2.3 承灾体资料

承灾体资料为来源于国务院普查办共享的人口、GDP、三大农作物(小麦、玉米、水稻)种植面积的标准格网数据,空间分辨率为 $30'' \times 30''$,人口单位为人,GDP 单位为万元,农作物种植面积单位为 hm^2。除此之外,在开展雷电风险评估时还收集到以旗(县)行政区域为单元的油库、气库、弹药库、化学品仓库、烟花爆竹、石化等易燃易爆场所数量和雷电易发区内的矿区、旅游景点数量等资料。

2.4 历史灾情资料

气象灾害风险调查收集到的灾情资料,主要来源于内蒙古气象局灾情直报系统、《中国气象灾害大典·内蒙古卷》、旗(县)统计局、旗(县)地方志,以及地方民政局等。除此之外,在开展雷电风险评估时还收集了中国气象局雷电防护办公室编制的《全国雷电灾害汇编》1998—2020 年雷电灾情资料。

2.5 其他资料

除以上资料外,在开展沙尘暴风险评估时收集了环境空气质量监测数据,包括筛选沙尘暴灾害过程调查区域历史环境空气质量监测数据日平均 PM_{10} 浓度、PM_{10} 日最大小时浓度数据以及其发生地经度、纬度、影响范围等。

在开展雪灾风险评估时收集了 3 种遥感资料。

(1)欧空局积雪概率数据(Land Cover CCI PRODUCT-snow condition),2000—2012 年平均每 7 d 的积雪概率,空间分辨率为 1 km。

(2)中国雪深长时间序列集。中国雪深长时间序列数据集提供 1978 年 10 月 24 日到 2020 年 12 月 31 日逐日的中国范围的积雪厚度分布数据,空间分辨率为 25 km。

(3)中国 1980—2020 年雪水当量 25 km 逐日产品。针对中国积雪分布区,基于混合像元雪水当量反演算法,利用星载被动微波遥感亮温数据制备的 1980—2020 年空间分辨率为 25 km 的逐日雪水当量/雪深数据集。

第 3 章

风险评估技术方法

3.1 暴雨 ▶▶▶

内蒙古暴雨灾害风险评估与区划技术路线如图 3.1.1 所示。

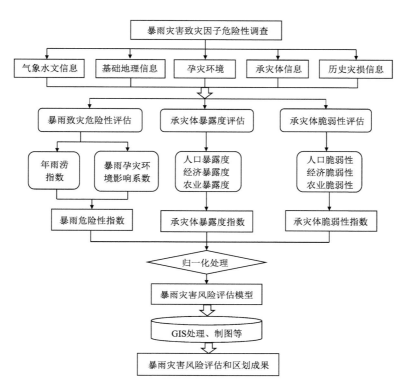

图 3.1.1 内蒙古暴雨灾害风险评估与区划技术路线

3.1.1 致灾过程确定技术方法

以日降雨量(20 时至次日 20 时)≥50 mm 的降雨日为暴雨日。当暴雨日持续天数≥1 d 或者中断日有中到大雨且前后均为暴雨日的降水过程为暴雨过程。

3.1.2 致灾因子危险性评估技术方法

暴雨致灾危险性评估主要考虑暴雨事件和孕灾环境,内蒙古暴雨致灾危险性评估指标包括 2 个,分别为年雨涝指数和孕灾环境影响系数。

3.1.2.1 年雨涝指数

1. 暴雨灾害致灾因子识别

根据内蒙古暴雨灾害致灾特征,从降水总量以及暴雨过程的强度、降水持续时间等方面对致灾因子进行初步筛选,并借助收集到的 1978—2020 年内蒙古暴雨过程灾情解析,识别出内蒙古暴雨灾害致灾因子为过程累积降水量、最大日降水量和暴雨持续天数。

2. 年雨涝指数分布

按照该暴雨过程的识别方法,基于气象站逐日降水资料和致灾因子,分别计算各气象站 1978—2020 年暴雨过程的过程累积降雨量、最大日降水量和暴雨持续天数,并分别对 3 个致灾因子进行归一化处理,采用信息熵赋权法确定权重,加权求和得到各站点暴雨过程强度指数,分别累加各站点当年逐场暴雨过程强度值,得到各站点年雨涝指数。1978—2020 年内蒙古年雨涝指数呈由西北向东南逐渐增大的分布特征(图 3.1.2)。

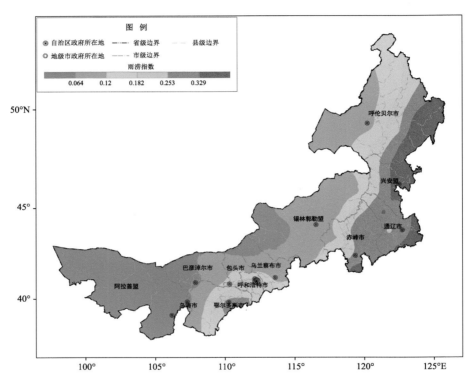

图 3.1.2 1978—2020 年内蒙古年雨涝指数空间分布

3.1.2.2 暴雨孕灾环境影响系数

暴雨孕灾环境指暴雨影响下,对形成洪涝、泥石流、滑坡、城市内涝等次生灾害起作用的自然环境。暴雨孕灾环境对暴雨成灾危险性起扩大或缩小作用。暴雨孕灾环境宜考虑地形、河网水系、地质灾害易发条件等,参考地方标准《暴雨过程危险性等级评估技术规范》(DB33/T 2025—2017),内蒙古暴雨孕灾环境主要考虑地形因子和水系因子两个因素。

1. 地形因子影响系数

首先计算内蒙古的高程标准差。以评估点为中心,计算评估点与若干邻域点的高程标准差,计算方法如下:

$$S_h = \sqrt{\frac{\sum_{j=1}^{n}(h_j - \bar{h})^2}{n}}$$

式中，S_h 为高程标准差，h_j 为邻域点海拔高度（单位：m），$\overline{h}$ 为评估点海拔高度，n 为邻域点的个数（n 值宜大于等于 9）。基于内蒙古 DEM 数据，采用 ArcGIS 软件的焦点统计工具，得到内蒙古的高程标准差。

在 GIS 中海拔高度可用数字高程模型来表达，并把海拔高度分成 5 级。高程标准差是表征该处地形变化程度的定量指标，并把高程标准差分成 4 级。根据地形因子中，地势越高（海拔高度越大）、地形起伏越大（高程标准差越大），暴雨灾害危险程度越高的原则，结合内蒙古不同地区的海拔高度和高程标准差的实际情况，分别确定适合内蒙古海拔高度和高程标准差的分区范围，并将海拔高度和高程标准差组合赋值确定内蒙古自治区地形因子影响系数，如表 3.1.1 所示。

表 3.1.1　内蒙古地形因子影响系数赋值

海拔高度/m	高程标准差/m			
	<4	[4，7)	[7，11)	≥11
<450	0.1	0.2	0.3	0.5
[450，850)	0.2	0.3	0.4	0.6
[850，1200)	0.3	0.4	0.5	0.7
[1200，1400)	0.4	0.5	0.6	0.8
≥1400	0.5	0.6	0.7	0.9

按照表 3.1.1 等级划分和相应赋值，采用 ArcGIS 软件分别对内蒙古海拔高度和高程标准差进行重分类、栅格计算和赋值，最终得到内蒙古自治区地形因子影响系数（p_h）空间分布（图 3.1.3）。

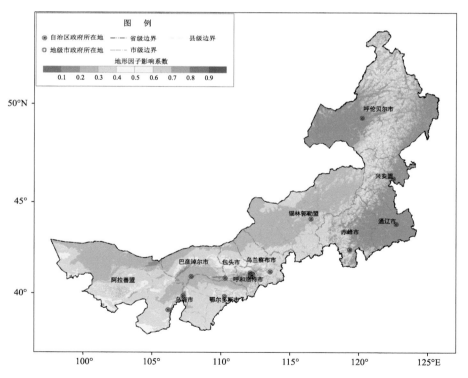

图 3.1.3　内蒙古地形因子影响系数空间分布

2. 水系因子影响系数

采用水网密度赋值法计算水系因子影响系数。水网密度是指流域内干支流总河道长与流域面积的比值或单位面积内自然与人工河道的总长度，水网密度反映了一定区域范围内河流的密集程度，计算公式如下：

$$S_r = \frac{l_r}{a}$$

式中，S_r 为水网密度（单位：$km \cdot km^{-2}$），l_r 为水网长度（单位：km），a 为区域面积（单位：km^2）。

根据内蒙古 $1:25$ 万水系数据，采用 ArcGIS 软件的线密度工具，得到内蒙古的水网密度。根据水网密度，取相应水系因子影响系数（p_r），如表 3.1.2 所示。

表 3.1.2　内蒙古水系因子影响系数赋值（水网密度法）

水网密度/($km \cdot km^{-2}$)	赋值
<0.16	0
$[0.16, 0.38)$	0.1
$[0.38, 0.63)$	0.2
$[0.63, 0.94)$	0.3
$[0.94, 1.35)$	0.4
$[1.35, 1.94)$	0.5
$[1.94, 2.69)$	0.6
$[2.69, 3.75)$	0.7
$[3.75, 6.24)$	0.8
$\geqslant 6.24$	0.9

按照表 3.1.2 等级划分和相应赋值，采用 ArcGIS 软件对内蒙古水网密度进行重分类和赋值，最终得到内蒙古自治区水系因子影响系数空间分布（图 3.1.4）。

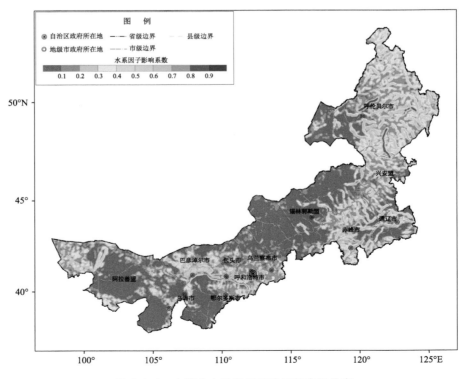

图 3.1.4　内蒙古水系因子影响系数空间分布

3. 暴雨孕灾环境影响系数

暴雨孕灾环境影响系数的计算公式如下:

$$I_\varepsilon = w_h\,p_h + w_r\,p_r$$

式中,I_ε 为暴雨孕灾环境影响系数,p_h 为地形因子影响系数,p_r 为水系因子影响系数,w_h 和 w_r 分别为地形因子和水系因子系数的权重,总和为 1。

采用信息熵赋权法确定权重,其中地形因子影响系数权重为 0.7,水系因子影响系数权重为 0.3。采用 ArcGIS 软件的栅格运算工具,加权求和得到内蒙古自治区暴雨孕灾环境影响系数空间分布(图 3.1.5)。

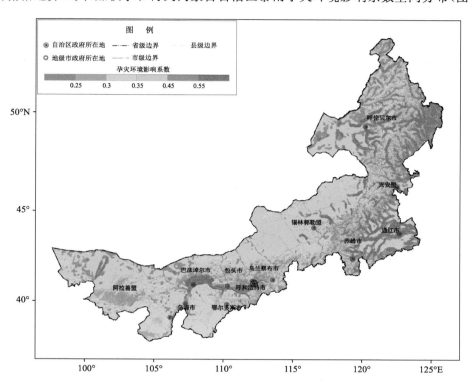

图 3.1.5　内蒙古暴雨孕灾环境影响系数空间分布

3.1.2.3　暴雨致灾危险性指数

暴雨致灾危险性指数是由暴雨孕灾环境影响系数和年雨涝指数加权综合而得,计算公式如下:

暴雨致灾危险性指数＝A_1×暴雨孕灾环境影响系数＋A_2×年雨涝指数

式中,A_1 和 A_2 分别为暴雨孕灾环境影响系数和年雨涝指数的权重。采用信息熵赋权法并结合内蒙古实际情况确定最终权重,从而构建内蒙古自治区暴雨致灾危险性指数的计算模型:

暴雨致灾危险性指数＝0.4×暴雨孕灾环境影响系数＋0.6×年雨涝指数

采用 ArcGIS 软件的栅格运算工具,加权求和得到内蒙古自治区暴雨致灾危险性指数。

3.1.2.4　暴雨致灾危险性评估与分区

基于暴雨致灾危险性指数,结合内蒙古行政区划,采用自然断点法将暴雨致灾危险性等级划分为 1～4 级共 4 个等级,分别对应高、较高、较低和低。暴雨致灾危险性 4 个等级的级别含义和颜色 CMYK 值见

表 3.1.3。在 GIS 平台上进行风险分区制图,得到内蒙古自治区暴雨灾害致灾危险性等级图。

表 3.1.3　暴雨致灾危险性分区等级、级别含义和颜色

风险级别	级别含义	色带	色值(CMYK 值)
1 级	高等级		100,70,40,0
2 级	较高等级		70,50,10,0
3 级	较低等级		55,30,10,0
4 级	低等级		20,10,5,0

3.1.3　风险评估与区划技术方法

内蒙古暴雨灾害风险评估指标包括 3 个,分别为暴雨致灾危险性、承灾体暴露度和承灾体脆弱性,其中承灾体脆弱性根据实际资料情况作为可选的评估指标。

3.1.3.1　主要承灾体暴露度

选取内蒙古主要承灾体的人口、GDP 和三大农作物进行暴露度分析,具体方法如下:
(1)人口暴露度:各县常住人口密度。
(2)经济暴露度:各县 GDP 密度。
(3)农业暴露度:各县三大农作物(小麦、玉米、水稻)种植面积。

将国务院普查办共享的内蒙古人口、GDP、小麦、玉米和水稻的 30″标准格网数据分别作为人口、经济和农业暴露度指标。为了消除各指标的量纲差异,对人口、经济和农业暴露度指标进行归一化处理,各个指标归一化计算公式为

$$x' = \frac{x - x_{min}}{x_{max} - x_{min}}$$

式中,x' 为归一化后的数据,x 为样本数据,x_{min} 为样本数据中的最小值,x_{max} 为样本数据中的最大值。

3.1.3.2　主要承灾体脆弱性(可选)

选取承灾体人口、GDP 和农业进行脆弱性分析,具体方法如下。
(1)人口脆弱性:因暴雨灾害造成的死亡人口和受灾人口占区域总人口比例。
(2)经济脆弱性:因暴雨灾害造成的直接经济损失占区域 GDP 的比例。
(3)农业脆弱性:三大农作物(小麦、玉米、水稻)受灾面积占种植面积的比例。

由于收集到的内蒙古暴雨灾害历史灾情资料与暴雨过程相匹配的灾情条数少,并且其中大部分灾害过程的灾情信息不完整或无法分离,特别是受灾人口、死亡人口、农业受灾面积、直接经济损失,以及当年乡(镇)总人口、GDP 和三大农作物种植面积等主要承灾体脆弱性评估需要的数据,无法满足计算承灾体脆弱性的数据质量和精度要求。因此,内蒙古暴雨灾害风险评估中不考虑承灾体脆弱性。

3.1.3.3　暴雨灾害风险评估指数

根据暴雨灾害风险形成原理及评价指标体系,分别将致灾危险性、承灾体暴露度和承灾体脆弱性各指

标进行归一化，再加权综合，建立暴雨灾害风险评估模型：

$$I_{\mathrm{MDR}} = T_I{}^{w_T} \times E_I{}^{w_E} \times V_I{}^{w_V}$$

式中：I_{MDR} 为暴雨灾害风险指数，用于表示暴雨灾害风险程度，其值越大，则暴雨灾害风险程度越大；T_I、E_I、V_I 分别表示暴雨致灾危险性、承灾体暴露度、承灾体脆弱性指数；w_T、w_E、w_V 是致灾危险性、承灾体暴露度和脆弱性指数的权重，权重的大小依据各因子对暴雨灾害的影响程度大小，根据信息熵赋权法，并结合当地实际情况讨论确定。

由于暴雨灾害历史灾情资料的限制，因此内蒙古不考虑承灾体脆弱性，最终将致灾危险性和承灾体暴露度进行加权求积，得到内蒙古自治区暴雨灾害风险评估结果。

针对人口、GDP 和三大农作物不同承灾体分别构建暴雨灾害人口、GDP 和三大农作物风险评估模型。

（1）暴雨灾害人口风险＝暴雨致灾危险性$^{0.6}$×区域人口密度$^{0.4}$

（2）暴雨灾害 GDP 风险＝暴雨致灾危险性$^{0.6}$×区域 GDP 密度$^{0.4}$

（3）暴雨灾害小麦风险＝暴雨致灾危险性$^{0.6}$×区域小麦种植面积$^{0.4}$

（4）暴雨灾害玉米风险＝暴雨致灾危险性$^{0.6}$×区域玉米种植面积$^{0.4}$

（5）暴雨灾害水稻风险＝暴雨致灾危险性$^{0.6}$×区域水稻种植面积$^{0.4}$

采用 ArcGIS 软件的栅格运算工具，分别加权求积得到内蒙古自治区暴雨灾害人口、GDP 和三大农作物的风险评估指数。

3.1.3.4　暴雨灾害风险评估与分区

依据不同承灾体风险评估结果，结合内蒙古行政区划，采用自然断点法，将风险等级划分为 1～5 级共 5 个等级，分别对应高等级、较高等级、中等级、较低等级和低等级。人口和 GDP 级别含义和颜色 CMYK 值见表 3.1.4～表 3.1.6，在 GIS 平台上进行风险分区制图，得到内蒙古自治区暴雨灾害对不同承灾体风险分区图。

表 3.1.4　暴雨灾害人口风险分区等级、级别含义和颜色

风险级别	级别含义	色带	色值（CMYK 值）
1 级	高等级		0,100,100,25
2 级	较高等级		15,100,85,0
3 级	中等级		5,50,60,0
4 级	较低等级		5,35,40,0
5 级	低等级		0,15,15,0

表 3.1.5　暴雨灾害 GDP 风险分区等级、级别含义和颜色

风险级别	级别含义	色带	色值（CMYK 值）
1 级	高等级		15,100,85,0
2 级	较高等级		7,50,60,0
3 级	中等级		0,5,55,0
4 级	较低等级		0,2,25,0
5 级	低等级		0,0,10,0

表 3.1.6　暴雨灾害农作物风险分区等级、级别含义和颜色

风险级别	级别含义	色带	色值(CMYK 值)
1 级	高等级		0,40,100,45
2 级	较高等级		0,0,100,45
3 级	中等级		0,0,100,25
4 级	较低等级		0,0,60,0
5 级	低等级		10,5,15,0

3.2　干旱

内蒙古干旱灾害风险评估与区划技术路线如图 3.2.1 所示。

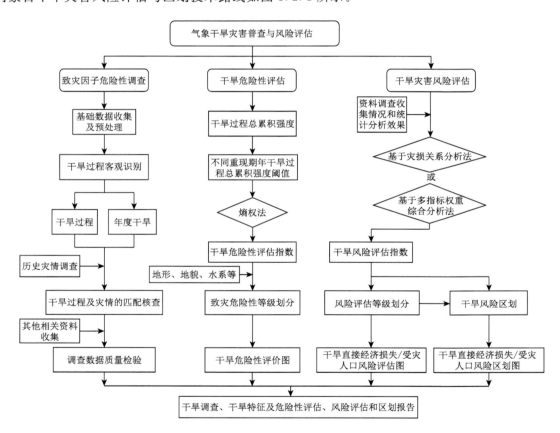

图 3.2.1　内蒙古干旱灾害风险评估与区划技术路线

3.2.1　致灾过程确定技术方法

选取相对湿润度指数(MI)作为基础指标,计算方法及干旱等级判定参见《气象干旱等级》(GB/T 20481—2017)。试点旗(县)气象干旱过程识别采用单站干旱过程识别方法,当某站连续 15 d 及以上出现轻旱及以上等级干旱,且至少有一天干旱等级达到中旱及以上,则判定为发生一次干旱过程。干旱过程时

段内第一次出现轻旱的日期,为干旱过程开始日;干旱过程发生后,当连续 5 d 干旱等级为无旱或偏湿时,则干旱过程结束,干旱过程结束前最后一天干旱等级为轻旱或以上的日期为干旱过程结束日。某站点干旱过程开始日到结束日(含结束日)的总天数为该站干旱过程日数。在此基础上计算单站干旱过程强度。

3.2.2　致灾因子危险性评估技术方法

3.2.2.1　年干旱强度指数

基于 MI 指数,统计年尺度干旱过程总累积强度,分析不同重现期的年干旱过程总累积强度的阈值。年干旱过程总累积强度为年尺度内多次干旱过程中日干旱等级为中旱等级及以上的累积干旱强度的总和。该指标是可以反映干旱时长和强度的综合指标。具体统计方法如下。

$$S_{MI} = \sum_{j=1}^{m} \sum_{i=1}^{n} M_{ij}$$

式中,S_{MI} 为单站年多次干旱过程累计干旱强度(绝对值),M_{ij} 为 j 干旱过程中第 i 天气象干旱综合指数,n 为 j 干旱过程持续天数,m 为站点年干旱过程数。

基于年尺度历史序列,采用百分位法,计算 5 a、10 a、20 a、50 a、100 a 一遇的阈值 T_5、T_{10}、T_{20}、T_{50}、T_{100}。基于年过程总累积强度的年干旱强度指数可以下式表达。

$$H = a_1 \times T_5 + a_2 \times T_{10} + a_3 \times T_{20} + a_4 \times T_{50} + a_5 \times T_{100}$$

式中,a_1、a_2、a_3、a_4、a_5 分别代表 5 a、10 a、20 a、50 a、100 a 一遇阈值权重。

3.2.2.2　孕灾环境指数

干旱致灾因子危险性除了考虑气象因子外,还考虑了对干旱灾害的发生发展起作用的自然环境因素影响。例如,海拔高度与干旱程度之间存在着一定的关系,但是关系复杂,一般情况下,随着山地海拔高度的增加,降水增加,干旱程度降低;随着海拔高度增加,降水减少,且地形起伏较大的地方不容易储水,干旱程度加剧。水系对干旱影响明显,有水的地方或距离水体近的地方不容易发生干旱。通过对比分析,孕灾环境主要考虑了地形、坡度和水系三个因素,采用熵权法赋值,加权得到孕灾环境指数。

3.2.2.3　致灾危险性指数

干旱致灾危险性指数是由年干旱强度指数与孕灾环境指数加权综合得到,计算公式如下。

$$干旱致灾危险性指数 = w_1 \times 年干旱强度指数 + w_2 \times 孕灾环境指数$$

式中,w_1 和 w_2 分别为年干旱强度指数和孕灾环境指数的权重,采用信息熵赋权法确定。

3.2.2.4　干旱致灾危险性等级划分

根据干旱致灾危险性指数大小,按照自然断点法进行等级划分,划分为 1～4 级共 4 个等级,分别对应高危险、较高危险、较低危险、低危险等级。

3.2.3 人口、GDP 风险评估与区划技术方法

基于干旱灾害风险原理,干旱灾害风险(R_I)由致灾因子危险性(H)、承灾体暴露度(E)、承灾体脆弱性(V)构成。干旱灾害风险采用以下公式进行计算。

$$R_I = H^{w_H} \times E^{w_E} \times V^{w_V}$$

根据资料调查收集情况和统计分析效果,基于危险性指标,选择代表不同承灾体暴露度、脆弱性和防灾减灾能力指标,采用多指标权重综合分析方法,分别开展人口、经济的干旱灾害风险评估。

3.2.3.1 承灾体暴露度

采用区域范围内人口密度、地均 GDP 作为评价指标来表征人口、经济承灾体暴露度,以下式表示。

$$E = S_m / S \times 100\%$$

式中,S_m 为某区域内承灾体数量(区域多年平均人口、GDP),m 为第 m 个区域,S 为区域总面积。

3.2.3.2 承灾体脆弱性

人口和经济干旱脆弱性以灾损率表示。围绕经济、人口承灾体,选择相应的年度或过程干旱灾情损失指标,如:干旱直接经济损失、干旱受灾人口等,结合历年经济 GDP、人口等社会经济统计资料,基于县级尺度,计算相应的灾损率。计算公式如下。

$$干旱直接经济损失率 = 干旱直接经济损失/区域生产总值$$
$$干旱受灾人口损失率 = 干旱受灾人口/区域总人口$$

3.2.3.3 干旱风险评估等级划分

基于风险评估指数,根据研究范围,按照自然断点法进行等级划分,共分为 5 个等级,分别对应高风险、较高风险、中风险、较低风险、低风险等级。

3.2.4 农作物风险评估与区划技术方法

内蒙古干旱灾害农作物风险评估与区划技术路线如图 3.2.2 所示。

3.2.4.1 玉米

国内外学者认为,气象灾害风险的形成,与致灾因子危险性、孕灾环境的敏感性、承灾体的脆弱性、防灾减灾能力密切相关。干旱灾害风险归结为以上 4 个因子共同作用的结果,用风险函数表示为

$$干旱灾害风险 = f(致灾因子危险性,孕灾环境敏感性,承灾体易损性,防灾减灾能力)。$$

防灾减灾能力是从政府的宏观层面来考虑的,不便于细化到具体的某一地块,因此在玉米干旱研究中,仅考虑致灾因子的危险性、孕灾环境的敏感性、承灾体的脆弱性 3 个因子。

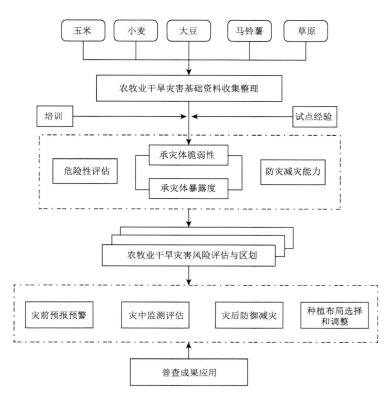

图 3.2.2　内蒙古干旱灾害农作物风险评估与区划技术路线

1. 致灾因子危险性

对于内蒙古来说,玉米种植最大的限制因子,一个是积温,另一个就是水分,而水分的多寡直接影响到玉米遭受干旱的风险以及最终产量的高低。因此分析玉米干旱的致灾因子,主要从水分条件来考虑即可。在这里,采用水分亏缺指数来衡量某地玉米种植过程中水分资源的多寡。

2. 孕灾环境敏感性

玉米干旱的孕灾环境主要受玉米生长的外部环境影响,在这里重点考虑了地形地势(坡度)、土壤质地和灌溉比重 3 个方面。

首先,土壤的坡度对土壤中水分的均衡保持和减少自然降水的径流比较重要。另外,坡度较大也不利于有灌溉条件或灌溉设施的地区进行灌溉。坡度的处理方式为,坡度大于 10°的坡地直接赋值为 0,坡度小于 10°的地区采用(10－坡度)/10 方法进行处理。

其次,土壤中黏粒、粉粒和砂粒含量的不同,对土壤的透水透气性和保肥保水性影响很大。依据土壤不同种类颗粒的占比,将内蒙古土壤质地划分为 4 大类 12 个亚类,每个亚类的透水透气性和保肥保水性被赋予相应的参数,数值越大,效果越好。具体土壤质地分类标准及透水透气性和保肥保水性见表 3.2.1。

表 3.2.1　土壤质地分类标准表

质地名称				颗粒组成/%			透水透气性和保肥保水性
类	代码	亚类	代码	黏粒	粉粒	砂粒	
砂土	1	砂土及壤质砂土	11	0～15	0～15	85～100	0.5
壤土	2	砂质壤土	21	0～15	0～45	55～85	0.6
		壤土	22	0～15	30～45	40～55	0.7
		粉砂质壤土	23	0～15	45～100	0～55	0.9

续表

质地名称				颗粒组成/%			透水透气性和保肥保水性
类	代码	亚类	代码	黏粒	粉粒	砂粒	
黏壤土	3	砂质黏壤土	31	15～25	0～30	55～85	1.0
		黏壤土	32	15～25	20～45	30～55	0.9
		粉砂质黏壤土	33	15～25	45～85	0～40	0.8
黏土	4	砂质黏土	41	25～45	0～20	55～75	0.7
		壤质黏土	42	25～45	0～45	10～55	0.8
		粉砂质黏土	43	25～45	45～75	0～30	0.6
		黏土	44	45～65	0～35	0～55	0.5
		重黏土	45	65～100	0～35	0～35	0.4

再次,灌溉比重直接反映了当干旱灾害出现时,是否能够及时通过灌溉来缓解。

3. 承灾体脆弱性

承灾体脆弱性主要考虑某地的耕地中玉米的实际种植面积占总面积的比重,比重越大脆弱性也越大。

4. 综合风险评估

将以上3个评估因子进行标准化处理,采用层次分析法或专家打分法确定各级评估指标权重,得到内蒙古干旱灾害玉米风险评估区划模型。

3.2.4.2 小麦

考虑干旱气象灾害风险的形成,本研究基于自然灾害风险评估方法,综合考虑干旱灾害的致灾因子危险性、承灾体脆弱性、承灾体暴露度及防灾减灾能力,构建内蒙古小麦干旱风险综合指数,并依托GIS技术进行精细化风险区划。根据灾害系统理论,春小麦干旱灾害风险分析主要内容包括4个方面:致灾因子危险性分析、承灾体脆弱性分析、承灾体暴露度分析和防灾减灾能力分析(表3.2.2)。其中致灾因子危险性从春小麦不同发育期的自然水分亏缺率概率、降水负距平概率、降水隶属度概率展开分析;承灾体脆弱性从减产率概率、减产率风险指数、变异系数三方面分析;承灾体暴露度在全区级评估中利用春小麦种植面积的比例;防灾减灾能力采用灌溉占耕地百分比。

表 3.2.2　内蒙古干旱灾害小麦风险指标体系

小麦干旱灾害风险指标体系 R_{xm}	致灾因子危险性 H	自然水分亏缺率概率 H_W	全生育期 H_{W1}
			拔节期 H_{W2}
			灌浆期 H_{W3}
		降水负距平概率 H_P	全生育期 H_{P1}
			拔节期 H_{P2}
		降水隶属度概率 H_R	
	承灾体脆弱性 V	减产率概率 V_D	
		减产率风险指数 V_K	
		变异系数 V_C	
	承灾体暴露度 E	种植面积比例 E	
	防灾减灾能力 D	灌溉占耕地百分比 D_G	

各级评估指标权重采用层次分析法和专家打分法进行设定,综合各级评估指标,内蒙古春小麦干旱灾

害风险区划模型如下：

$$R_{xm} = 0.655 \times H + 0.208 \times V + 0.089 \times E + 0.048 \times D$$

3.2.4.3　水稻

内蒙古干旱灾害水稻风险评估指标包括 3 个,分别为干旱致灾危险性、承灾体暴露度和承灾体脆弱性,其中承灾体脆弱性根据实际资料情况作为可选的评估指标。

将国务院普查办共享的内蒙古水稻的 30″标准格网数据作为暴露度指标。选取水稻受灾面积占种植面积的比例进行承灾体分析。

根据干旱灾害风险形成原理及评价指标体系,分别将致灾危险性、承灾体暴露度和承灾体脆弱性各指标进行归一化,再加权综合,建立水稻干旱灾害风险评估模型：

$$I_{MI} = T_I{}^{w_T} \times E_I{}^{w_E} \times V_I{}^{w_V}$$

式中：I_{MI} 为干旱灾害风险指数,用于表示干旱灾害风险程度,其值越大,则干旱灾害风险程度越大；T_I、E_I、V_I 分别表示干旱致灾危险性、承灾体暴露度、承灾体脆弱性指数；w_T、w_E、w_V 是致灾危险性、承灾体暴露度和脆弱性指数的权重,权重的大小依据各因子对暴雨灾害的影响程度大小,根据信息熵赋权法,并结合当地实际情况讨论确定。

由于干旱灾害历史灾情资料的限制,因此内蒙古不考虑承灾体脆弱性,最终将致灾危险性和承灾体暴露度进行加权求积,得到内蒙古自治区干旱灾害风险评估结果。

干旱灾害水稻风险评估模型如下：

$$干旱灾害水稻风险 = 暴雨致灾危险性^{0.6} \times 区域水稻种植面积^{0.4}$$

采用 ArcGIS 软件的栅格运算工具,加权求积得到内蒙古自治区干旱灾害水稻的风险评估指数。

3.2.4.4　大豆

依据自然灾害风险理论,综合考虑干旱致灾因子危险性、孕灾环境敏感性、承灾体脆弱性和防灾减灾能力等因素,开展干旱灾害风险评估和分区。综合考虑各因素的影响程度,采用层次分析法确定各因子权重系数,运用加权综合分析法构建内蒙古大豆干旱灾害风险综合评估模型。利用 GIS 软件的空间分析功能,采用自然断点法和经验分析方法划分大豆干旱灾害为低风险区、较低风险区、中风险区和高风险区,并

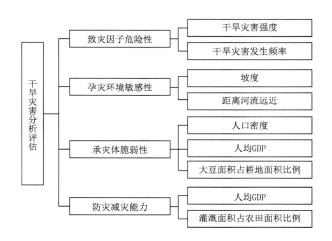

图 3.2.3　内蒙古干旱灾害大豆风险评估与区划技术路线图

分区进行评述。依据全区大豆干旱风险评估方法,完成大豆干旱灾害风险评估和等级划分。

1. 致灾因子过程确定

大豆干旱时段的选取。采用关键生长期的降水距平百分率作为判断干旱灾害发生的指标,该方法的优点是数据获取容易,计算过程简单,能够较好地反映出降水量的年际差异。通过计算大豆关键生长期(7月中旬—8月中旬)降水负距平百分率,建立降水负距平百分率与大豆减产率关系,通过分析减产率确定大豆干旱指标。

大豆干旱等级指标的建立。分别统计分析减产率为<10%、10%~20%、20%~30%、>30%对应年份的大豆关键生长期降水距平百分率,经过反复调整、验证,建立减产率与大豆关键生长期(7月中旬—8月中旬)的降水量距平百分率的对应关系,并建立大豆关键发育期干旱等级指标(表3.2.3)。

表 3.2.3　基于降水量距平百分率的内蒙古大豆干旱等级指标

等级	减产率/%	降水量距平百分率/%
无旱	<10	Pa≥-30
轻旱	10≤Pa<20	-50<Pa≤-30
中旱	20≤Pa<30	-70<Pa≤-50
重旱	≥30	Pa≤-70

大豆干旱指标的验证。利用内蒙古大豆主产区1983年以来干旱灾情资料进行验证。筛选出东四盟各旗县1983—2020年所有的干旱年并分别统计总年数,根据表3.2.3的干旱指标,筛选出东四盟各旗县1983—2020年出现旱情(降水距平百分率小于30%)的年份并分别统计其总年数,分别计算各旗县筛选出的干旱年与干旱灾情资料上出现的干旱总年数的对应率,统计各盟市的平均对应率。

表 3.2.4　内蒙古干旱灾害大豆指标验证

地区	呼伦贝尔	兴安盟	通辽市	赤峰市	平均
验证对应率	66.7%	74.6%	78.2%	88.4%	77.0%

表3.2.4说明,根据降水距平百分率制定的干旱指标与干旱灾情资料的对应较好,平均对应率为77%,说明上述干旱指标能够较好地反映内蒙古的大豆干旱发生情况。由于灾情资料中的受旱面积包括各类农作物及牧草等,因此在验证大豆干旱等级指标时,指标与灾情资料的吻合相对较差,定量的验证工作较难开展。但达到中旱及重旱的年份与轻旱年份对比,以大豆主产区呼伦贝尔市的3个旗县为例,受灾、成灾及绝收面积明显呈递增趋势,说明上述干旱指标能够反映出内蒙古的干旱范围。

2. 建立致灾因子危险性指数

(1)计算出基于大豆干旱等级指标的干旱频率 W:在1981—2020年期间,不考虑抗灾条件下,干旱发生的可能性和频率。全区各旗县的 W 用以下公式表达:

$$W_j = N_j/n$$

式中,W_j 为基于干旱指标干旱发生频率,N_j 为基于干旱指标干旱发生次数,j 为内蒙古每个旗县,n 为总年份(1981—2020年),干旱发生频率越大,则干旱灾害发生的可能性越大。

(2)分别赋予轻旱、中旱和重旱发生频率0.15、0.35和0.5的权重,建立全区大豆干旱致灾因子危险性指数。

(3)建立致灾因子危险性指数空间分布模型。大豆致灾因子危险性指数分别与地理因子(海拔高度 x_h、经度 x_j、纬度 x_w)建立小网格推算模型,相关系数为0.67,通过0.01显著性检验。应用ArcGIS软件实现各指标要素的网格推算,再利用GIS的自然断点分级法,将内蒙古自治区大豆致灾因子危险性指数按照

4 个等级分区,得到内蒙古大豆干旱致灾因子危险性指数分布图。

$$y = 1.2369 - 0.0102 x_j + 0.0061 x_w - 0.0001 x_h$$

(4)构建风险评估模型。基于自然灾害风险理论,综合上述能够体现风险程度的四要素,结合内蒙古实际情况,利用层次分析法得到的致灾因子危险性、孕灾环境敏感性、承灾体脆弱性及防灾减灾能力的权重系数分别为 0.7、0.1、0.1 和 0.1。

$$F = 0.7 \times f_z + 0.1 \times f_m + 0.1 \times f_s + 0.1 \times (1 - f_r)$$

式中,F 为大豆干旱灾害风险综合指数,F 值越大,干旱发生风险越大。

3.2.4.5　马铃薯

根据灾害系统理论,区域干旱灾害风险分析主要内容包括 4 个方面:致灾因子危险性分析、承灾体脆弱性分析、孕灾环境暴露度分析和防灾减灾能力分析。其中致灾因子危险性选取马铃薯全生育期的基于降水距平干旱指标的干旱致险度作为评价指标。承灾体脆弱性从旱灾年减产率、变异系数和旱灾风险指数进行分析。孕灾环境暴露度选取坡度、坡向、海拔高度和马铃薯占粮食作物种植面积比作为评价指标。防灾减灾能力采用马铃薯生产水平、有效灌溉面积比例和人均 GDP 三个指标。具体指标见表 3.2.5。

表 3.2.5　内蒙古干旱灾害马铃薯风险指标体系

马铃薯干旱灾害风险指标体系 R	致灾因子危险性 H	全生育期干旱强度	轻度干旱 LD
			中度干旱 MD
			重度干旱 HD
		全生育期干旱频率	轻度干旱发生频率 LDNWI
			中度干旱发生频率 MDNWI
			重度干旱发生频率 HDNWI
	承灾体脆弱性 V		旱灾年减产率(灾害强度)d_z
			变异系数(灾害幅度)C_v
			旱灾风险指数(灾害频率)R_i
	孕灾环境暴露度 E		坡度、坡向、海拔高度
			马铃薯种植面积比 V
	防灾减灾能力 D		马铃薯生产水平 K_i
			有效灌溉面积 B_i
			人均 GDP

利用层次分析法和专家打分法确定权重值,进而通过构建综合干旱风险评估模型,对内蒙古马铃薯进行干旱风险综合区划,并进行分区描述。内蒙古马铃薯干旱灾害风险区划模型如下:

$$R = H^\alpha \times V^\beta \times E^\delta \times D^{-\varepsilon}$$

$$H = (0.16 \times \text{LDNWI} + 0.30 \times \text{MDNWI} + 0.54 \times \text{HDNWI})/n$$

$$E = 0.25 d_z + 0.58 k_i + 0.17 C_v$$

$$D = 0.8 B_i + 0.1 K_i + 0.1 \text{GDP}$$

式中:R 为马铃薯干旱灾害风险指数;H 为致灾因子的危险性;E 为承灾体的脆弱性;V 为承灾体暴露度;D 为抗灾性能指数;α,β,δ,ε 为各因子权重,分别为 0.6、0.2、0.1、0.1。

为使区划指标有序化,将式中的 R 进行极差标准化,使其处于 0～1,然后再确定划分不同风险区的指标。极差标准化的表达式为:

$$R_i = \frac{R - R_{\min}}{R_{\max} - R_{\min}}$$

式中，R_i 为极差标准化后的风险区划指标，$R_{\max}$ 和 $R_{\min}$ 分别为干旱综合风险指数序列中的最小值和最大值。

3.2.4.6 草原

根据灾害风险综合评估模型，干旱对牧业影响的风险大小是致灾因子危险性(H)、承灾体暴露度(E)、承灾体脆弱性(V)和防灾减灾能力(D)4 个因子综合作用的结果，将以上 4 个因子的区划结果进行空间尺度匹配，结合各模块对内蒙古牧区局地孕灾环境的不同贡献程度，采用专家打分法和层次分析法相结合的方法，得到各因子权重系数(表 3.2.6)，空间分析后计算得到内蒙古牧区干旱灾害风险指数。利用自然断点法，结合内蒙古牧区历史干旱灾情数据，将内蒙古牧区干旱灾害风险指数分为 5 级，绘制内蒙古牧区干旱灾害风险区划图。

依据自然灾害风险数学计算公式，确定出草原干旱灾害风险评估指数计算公式如下：

$$DRI = H^{w_1} \times E^{w_2} \times V^{w_3} \times (1-D)^{w_4}$$

式中，DRI 代表草原干旱灾害风险指数，用于表示风险程度，其值越大，则干旱灾害的风险程度越大，w_1、w_2、w_3 和 w_4 为各评价因子的权重系数。

表 3.2.6   内蒙古干旱灾害草原因子权重系数

项目	致灾因子危险性 (w_1)	孕灾环境敏感性 (w_2)	承灾体易损性 (w_3)	防灾减灾能力 (w_4)
因子权重系数	0.5193	0.2009	0.2009	0.0789

3.2.5 其他技术方法

3.2.5.1 权重确定方法

指标权重可采用下式方法计算，综合考虑了主、客观方法：

$$W_j = \frac{\sqrt{W_{1j} \times W_{2j}}}{\sum \sqrt{W_{1j} \times W_{2j}}}$$

式中：W_j 为指标 j 的综合权重；W_{1j} 为指标 j 的主观权重，采用层次分析法获取；W_{2j} 为指标 j 的客观权重，采用信息熵赋权法计算。

3.2.5.2 归一化方法

分析可见，各要素及其包含的具体指标间的量纲和数量级都不同，为了消除这种差异，使各指标间具有可比性，需要对每个指标做归一化处理。归一化后的指标值均位于 0.5～1。

指标归一化的计算公式：

$$D_{ij} = 0.5 + 0.5 \times (A_{ij} - i_{\min})/(i_{\max} - i_{\min})$$

式中：D_{ij} 是 j 区第 i 个指标的规范化值；A_{ij} 是 j 区第 i 个指标值；$i_{\min}$ 和 $i_{\max}$ 分别是第 i 个指标值的最小值和最大值。

3.3　大风

内蒙古大风灾害风险评估与区划技术路线如图 3.3.1 所示。

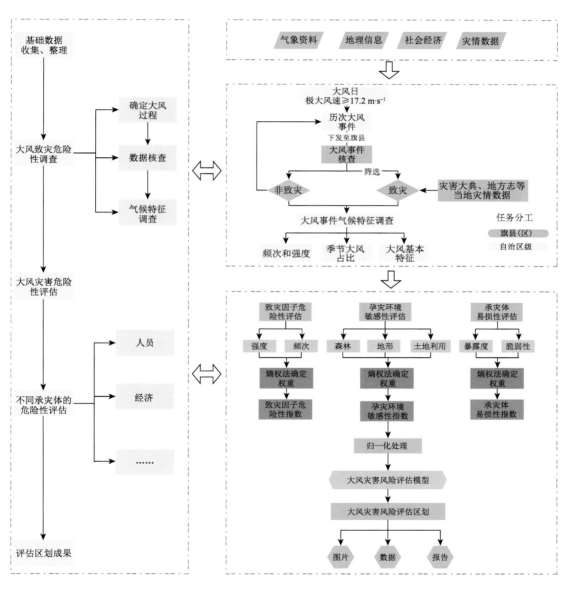

图 3.3.1　内蒙古大风灾害风险评估与区划技术路线

3.3.1 致灾过程确定技术方法

3.3.1.1 历史大风过程的确定

根据调查旗(县、区)国家级地面观测站天气现象和极大风风速的记录,以当日该站出现大风天气现象或无大风天气现象观测记录时日极大风风速≥17.2 m·s⁻¹为标准确定历史大风过程。根据小时数据确定历史大风过程中致灾因子的基本信息,包括开始日期、结束日期、持续时间、影响范围,历史大风灾害事件的致灾因子信息,包括大风分类(雷暴大风、非雷暴大风)、日最大风速和风向、日极大风速和风向等。

3.3.1.2 历史大风致灾过程的确定

根据《中国气象灾害年鉴》《中国气象灾害大典》和内蒙古自治区、盟(市)、旗(县)三级的气象灾害年鉴、防灾减灾年鉴、灾害年鉴、地方志等,以及文献、灾情调查部门的共享数据,确定历次大风事件是否致灾,并根据灾情数据、观测数据、风速自记纸等记录确定大风致灾过程中致灾因子信息,包括开始日期、结束日期、持续时间、影响范围、大风分类(雷暴大风、非雷暴大风)、日最大风速和风向、日极大风速和风向。

3.3.2 致灾因子危险性评估技术方法

3.3.2.1 确定大风灾害危险性指标

选择发生大风的年平均次数(频次,单位:d·a⁻¹)和极大风速(强度,单位:m·s⁻¹)作为大风灾害致灾因子的危险性评估指标(I_w)。大风日数越多,大风发生越频繁,极大风速越大,可能发生的大风强度越大,则大风灾害的危险性越高。大风日数表示大风频次,采用各个站点一年内大风日数作为频次信息;极大风速最大值表示大风强度,采用各个站点每年大风日的极大风速最大值作为强度信息。

3.3.2.2 确定大风频次和强度的权重

熵值赋权法相对层次分析法、专家打分法来说更具客观性,因此在大风灾害危险性评估中采用了熵值赋权法确定评价因子权重。

3.3.2.3 计算大风灾害危险性指标

采用层次分析、文献调研、专家打分等方法对大风频次和强度分别赋予权重,两个指标进行归一化处理后通过加权相加后得到I_w。计算公式为

$$I_w = w_G \times G + w_P \times P$$

式中,w_G是大风强度的权重,w_P是大风频次的权重,G是大风强度因子指标的归一化值,P是大风频次因子指标的归一化值。

3.3.2.4 大风危险性评估

采用自然断点法,将计算得到的大风灾害危险性指数划分为高、较高、较低、低级共 4 个等级,得到大风灾害危险性等级划分结果。

3.3.3 风险评估与区划技术方法

3.3.3.1 技术流程与方法

气象灾害风险是气象致灾因子在一定的孕灾环境中,作用在特定的承灾体上所形成的。因此,致灾因子、孕灾环境和承灾体这 3 个因子是灾害风险形成的必要条件,缺一不可。根据相关技术细则,结合实际情况,选择基于风险指数的大风风险评估方法开展大风灾害风险评估工作。根据风险与致灾因子危险性、孕灾环境敏感性、承灾体脆弱性的函数关系,确定不同承灾体的风险评估指数。不同承灾体的致灾因子危险性、孕灾环境敏感性和承灾体的脆弱性 3 个评价因子选择相应的评价因子指数得到。评价因子指数的计算采用加权综合评价法,计算公式为

$$V_j = \sum_{i=1}^{n} w_i D_{ij}$$

式中,V_j 是各评价因子指数,w_i 是指标 i 的权重,D_{ij} 是因子 j 的指标 i 的归一化值,n 是评价指标个数。

3.3.3.2 大风灾害孕灾环境敏感性评估指标

大风孕灾环境主要指地形、植被覆盖等因子对大风灾害形成的综合影响。综合考虑各影响因子对调查区域孕灾环境的不同贡献程度,运用层次分析法设置相应的权重。地形主要以高程指示值代表,按高程越高越敏感进行赋值。

将高程指标和植被覆盖度指标进行归一化处理后通过加权求和计算得到孕灾环境敏感性评估指标(S_w)。计算公式为

$$S_w = w_{高程} \times 高程指标(归一化) + w_{植被覆盖度} \times 植被覆盖度倒数(归一化)$$

3.3.3.3 大风对人员安全影响的风险评估

大风对人员安全的影响风险评估以人口作为主要的承灾体,以人口密度因子描述承灾体的易损状况。评估方程为

$$R_p = H_p \times S_p \times [E_p \times F_p(p)]$$

式中,R_p 为大风灾害对人员安全影响的风险度,H_p 为大风致灾危险性,S 为孕灾环境敏感性,E_p 为人口暴露度,即人口密度,F_p 为以人口密度 p 为输入参数的大风规避函数。在城市地区,人口密度越大的地区,建筑物越多,大风可规避性越强,其函数的输出系数越小,导致的风险越低,$F_p(p)$ 计算公式为

$$F_p(p) = \frac{1}{\ln(e + p/100)}$$

在非城市地区,人口越多的地方,损失相对越大,不使用大风规避函数,即

$$R_p = H_p \times S_p \times E_p$$

3.3.3.4 大风对经济影响的风险评估与区划

大风灾害对社会经济影响的风险评估,以社会经济作为承灾体。大风对经济影响的风险评估方程为

$$R_e = H_e \times S_e \times V_e$$

式中,R_e 为大风灾害对经济影响的风险度,V_e 为社会经济的易损性指标,即易损度,社会经济易损度包括社会经济的暴露度(E_e)和脆弱性(F_e),根据承灾体及灾情信息收集情况,不考虑承灾体易损性,仅使用承灾体暴露度表示,选取 GDP 代表社会经济的暴露度指标,即

$$V_e = E_e$$

3.3.3.5 大风对农业影响的风险评估与区划

大风灾害对农业影响的风险评估,以农业作为承灾体。大风对经济影响的风险评估方程为:

$$R_a = H_a \times S_a \times V_a$$

式中,R_a 为大风灾害对农业影响的风险度,V_a 为农业的易损性指标,即易损度,农业易损度包括其暴露度(E_a)和脆弱性(F_a),根据承灾体及灾情信息收集情况,不考虑承灾体易损性,仅使用承灾体暴露度表示,选取农业用地面积比代表农业的暴露度指标,即

$$V_a = E_a$$

3.4 冰雹 ▶▶▶

3.4.1 致灾过程确定技术方法

冰雹灾害过程的确定以国家气象观测站观测数据为基础,收集整理形成冰雹灾害过程数据,包含降雹日期、降雹频次、降雹开始时间、降雹结束时间、降雹持续时间、最大冰雹直径、降雹时极大风速等,在此数据基础上,利用本辖区地面观测、人工影响天气作业点、气象灾害年鉴、气象志、地方志以及相关文献中的冰雹记录,对基于国家气象观测站的冰雹灾害过程数据进行核实、补充。该数据通过旗(县)气象局收集整理上报,并由盟(市)气象局、自治区气象局逐级审核确认。

3.4.2 致灾因子危险性评估技术方法

内蒙古冰雹灾害风险评估与区划技术路线如图 3.4.1 所示。

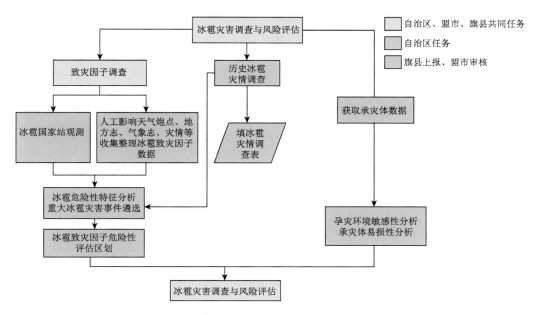

图 3.4.1　内蒙古冰雹灾害风险评估与区划技术路线

3.4.2.1　冰雹危险性指数

参考《全国气象灾害综合风险普查技术规范——冰雹》及相关方案,主要考虑冰雹致灾因子调查中获取到能够反映冰雹强度的参数进行计算和评估。选用最大冰雹直径、降雹持续时间、雹日(或降雹频次)进行加权求和,得到致灾因子危险性指数(V_E):

$$V_E = w_D X_D + w_T X_T + w_R X_R$$

式中,X_D 为最大冰雹直径样本平均值,X_T 为降雹持续时间样本平均值,X_R 为雹日(或降雹频次)样本累计值,w_D、w_T、w_R 分别为 3 个因子的权重,推荐权重比为 3:2:5,各权重之和为 1。最大冰雹直径样本平均值、降雹持续时间样本平均值、雹日(或降雹频次)样本累计值应先做归一化处理,前两者在时间序列样本中归一化,后者在空间样本中归一化。

将有量纲的致灾因子数值经过归一化变化,化为无量纲的数值,进而消除各指标的量纲差异。

归一化方法采用线性函数归一化方法,其计算公式为

$$x' = \frac{x - x_{\min}}{x_{\max} - x_{\min}}$$

式中,x' 为归一化后的数据,x 为样本数据,$x_{\min}$ 为样本数据中的最小值,$x_{\max}$ 为样本数据中的最大值。

当用雹日计算危险性指数时,对于一个雹日有多次降雹的情况,致灾因子取一个雹日当中的最大值;当用降雹频次计算危险性指数时,各致灾因子取过程最大值。

3.4.2.2　冰雹危险性评估

基于计算的评估区域内冰雹危险性指数,结合周边旗(县)的危险性指数值,计算评估区域及周边区域的危险性指数平均值。根据表 3.4.1 的划分原则将冰雹灾害危险性划分为 4 个等级,绘制评估区域的冰雹灾害危险性等级空间分布图。

表 3.4.1　冰雹灾害危险性评估等级划分标准

危险性级别	级别含义	划分原则
1级	高危险性	$[2.5\,\overline{V_E},+\infty)$
2级	较高危险性	$[1.5\,\overline{V_E},2.5\,\overline{V_E})$
3级	较低危险性	$[\overline{V_E},1.5\,\overline{V_E})$
4级	低危险性	$[0,\overline{V_E})$

3.4.2.3　孕灾环境敏感性

统计计算内蒙古自治区范围内119个国家级气象站通过普查得到的雹日与该站海拔高度的相关性，并计算雹日与地形坡度的相关性，经对比分析得出，内蒙古范围内雹日与坡度相关性更好。因此，将坡度划分为不同的等级，对每个等级进行0~1的赋值来表征孕灾环境敏感性指数(V_H)。

3.4.3　风险评估与区划技术方法

结合致灾因子危险性指数(V_E)、孕灾环境敏感性指数(V_H)、承灾体易损性指数(V_S)，采用加权求积，得到评估区域内的冰雹灾害风险评估指数：

$$V = V_E{}^{w_E} \cdot V_H{}^{w_H} \cdot V_S{}^{w_S}$$

式中，w_E、w_H、w_S分别为各指数权重，计算前各因子进行归一化处理，利用熵权法、专家打分法等确定权重，也可以采用推荐权重比5:2:3，各权重之和为1，各地可结合当地实际情况进行调整。此处V_E、V_H、V_S均为0~1的值，当权重越大时各指数影响反而越小。

3.4.3.1　对不同承灾体的风险评估

以经济为承灾体进行风险评估时，以地均GDP表征暴露度，冰雹灾害直接经济损失占GDP的比重表征脆弱性。

以人口为承灾体进行风险评估时，以人口密度表征暴露度，冰雹灾害造成人员伤亡数占人口比重表征脆弱性。

以农业为承灾体进行风险评估时，以小麦、玉米、水稻等农作物播种面积表征暴露度，以农业受灾面积占播种面积比重表征脆弱性。

当无法获取冰雹造成的直接经济损失、人员伤亡、农作物受灾面积等数据时，则直接用承灾体暴露度表征其易损性。

3.4.3.2　风险区划技术方法

计算评估区域内冰雹灾害风险评估指数的平均值$\overline{V}$，根据表3.4.2的划分原则将冰雹灾害风险划分为5个等级，绘制评估区域的冰雹灾害风险等级空间分布图。

表 3.4.2　冰雹灾害风险评估等级划分标准

风险级别	级别含义	划分原则
1 级	高风险	$[2.5\,\overline{V},+\infty)$
2 级	较高风险	$[1.5\,\overline{V},2.5\,\overline{V})$
3 级	中等风险	$[\overline{V},1.5\,\overline{V})$
4 级	较低风险	$[0.5\,\overline{V},\overline{V})$
5 级	低风险	$[0,0.5\,\overline{V})$

　　根据中国气象局全国气象灾害综合风险普查工作领导小组办公室《关于印发气象灾害综合风险普查图件类成果格式要求的通知》（气普领发〔2021〕9 号）中对气象灾害受灾人口、GDP、农作物综合风险图色彩样式的要求（表 3.4.3～表 3.4.5），绘制风险区划图。

表 3.4.3　气象灾害受灾人口综合风险图色彩样式

风险级别	色带	色值（CMYK 值）
高等级		0,100,100,25
较高等级		15,100,85,0
中等级		5,50,60,0
较低等级		5,35,40,0
低等级		0,15,15,0

表 3.4.4　气象灾害 GDP 综合风险图色彩样式

风险级别	色带	色值（CMYK 值）
高等级		15,100,85,0
较高等级		7,50,60,0
中等级		0,5,55,0
较低等级		0,2,25,0
低等级		0,0,10,0

表 3.4.5　气象灾害农作物综合风险图色彩样式

风险级别	色带	色值（CMYK 值）
高等级		0,40,100,45
较高等级		0,0,100,45
中等级		0,0,100,25
较低等级		0,0,60,0
低等级		0,5,15,0

3.5 高温

为全面了解高温灾害致灾特点及规律,提升高温灾害监测评估能力,客观认识和评价高温灾害的危险性水平,减轻高温灾害对经济社会所造成的损失,对高温灾害风险进行普查。普查工作可为政府有效防治高温灾害、切实保障社会经济可持续发展提供权威的高温灾害危险性信息和科学决策参考依据。高温灾害风险评估与区划技术路线如图 3.5.1 所示。

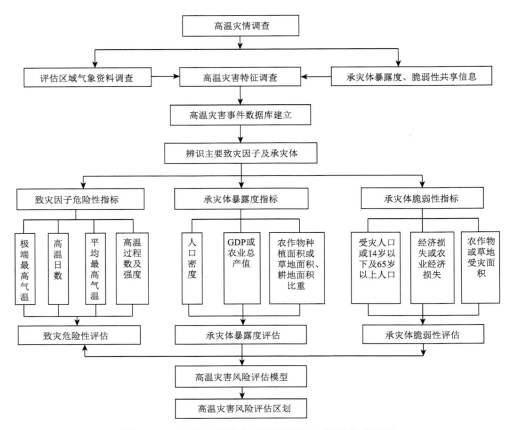

图 3.5.1　内蒙古高温灾害风险评估与区划技术路线

3.5.1　致灾过程确定技术方法

以单个国家级气象观测站日最高气温≥35 ℃的高温日为单站高温日。将连续 3 d 及以上最高气温≥35 ℃作为一个高温过程。高温过程首个/最后一个高温日是高温过程开始日/结束日。

3.5.2　致灾因子危险性评估技术方法

根据评估区域高温灾害特点,基于高温事件的发生强度、发生频率、持续时间、影响范围等,确定高温致灾因子。通过归一化处理、权重的确定,构建致灾危险性评估模型,计算危险性指数,对高温灾害危险性进行基于空间单元的危险性等级划分。

内蒙古高温灾害致灾危险性评估选取极端最高气温、平均最高气温、高温日数、高温过程数及高温过程强度作为评估因子,计算危险性指数,推荐权重分别为 0.2、0.1、0.2、0.25、0.25,其中高温过程强度选取过程平均最高气温、过程持续日数作为评估因子进行等权重权求和评估。高温灾害致灾危险性评估技术路线如图 3.5.2 所示。

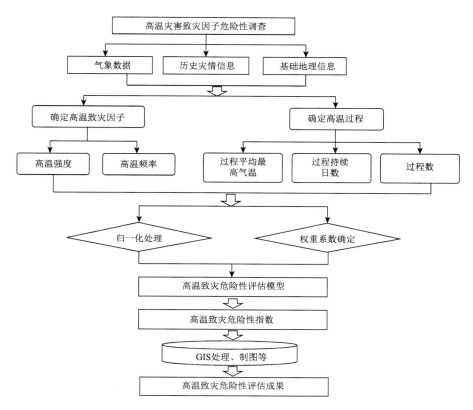

图 3.5.2　内蒙古高温灾害致灾危险性评估技术路线

3.5.3　风险评估与区划技术方法

3.5.3.1　承灾体暴露度评估

承灾体暴露度指人员、生计、环境服务和各种资源、基础设施,以及经济、社会或文化资产处在有可能受不利影响的位置,是灾害影响的最大范围。

暴露度评估可采用评估范围内各旗(县)或各乡(镇)人口密度、地区 GDP、农作物种植面积占土地面积比重等数据,经过标准化处理后作为高温暴露度的评价指标,开展承灾体暴露度评估。暴露度指数计算方法如下:

$$E_{HT} = \frac{p}{S}$$

式中,E_{HT} 为承灾体暴露度指标,p 为各旗(县)或各乡(镇)人口、地区 GDP 或主要农作物种植面积,S 为区域总面积。

对评价指标进行归一化处理,得到不同承灾体的暴露度指数。暴露度评估可根据承灾体数据进行调整。

根据国务院普查办共享的承灾体数据,遴选地均人口密度、地均 GDP 主要农作物地均种植面积格网数据作为高温灾害人口、GDP 及农作物暴露度评价指标,采用线性函数归一化法对地均人口密度、地均 GDP、地均农作物种植面积格网数据进行归一化处理,开展内蒙古高温灾害人口、GDP、农作物暴露度评估。

3.5.3.2 承灾体脆弱性评估(可选)

承灾体脆弱性指受到不利影响的倾向或趋势,一是承受灾害的程度,即灾损敏感性(承灾体本身的属性);二是可恢复的能力和弹性(应对能力)。脆弱性评估为可选项。

高温灾害脆弱性评估可采用评估范围内各旗(县)或各乡(镇)受灾人口、直接经济损失、农作物受灾面积比例、14 岁以下及 65 岁以上人口数比例等数据,标准化后作为高温脆弱性评价指标。

以区划范围内各旗(县)或各乡(镇)受灾人口、直接经济损失、主要农作物受灾面积与各县或各乡(镇)总人口、国内生产总值、农作物总种植面积之比作为脆弱性评价指标为例,脆弱性指数计算方法如下:

$$V_i = \frac{p_v}{p}$$

式中,V_i 为第 i 类承灾体脆弱性指数,p_v 为各旗(县)或各乡(镇)第 i 类承灾体受灾人口、直接经济损失或受灾面积,p 为各旗(县)或各乡(镇)总人口、国内生产总值或农作物种植总面积。

对各评价指标进行归一化处理,得到不同承灾体的脆弱性指数。脆弱性评估可根据灾情信息处理结果作出调整。

由于内蒙古高温灾害受灾人口、直接经济损失、农作物受灾面积数据获取不理想,灾情信息共享资料未获取到,无法满足计算承灾体脆弱性的数据要求,因此内蒙古高温灾害暂未开展灾害人口、GDP、农作物脆弱性评估。

3.5.3.3 高温灾害风险评估

根据高温灾害的成灾特征和风险评估的目的、用途,将致灾危险性指数、承灾体暴露度指数、承灾体脆弱性指数进行加权求积,建立风险评估模型。权重确定方法采用熵权法或专家打分法。加权求积评估模型如下:

$$I_{HT} = H \times E \times V$$

式中,I_{HT} 为特定承灾体高温灾害风险评价指数,H 为致灾因子危险性指数,E 为承灾体暴露度指数,V 为脆弱性指数。若评估区域未获取到高温的受灾人口、直接经济损失、农作物受灾面积等数据,无法满足承灾体脆弱性评估的数据要求,则可直接将致灾危险性和承灾体暴露度进行加权求积和评估。

3.5.3.4 风险等级划分

根据高温灾害风险评估模型评估结果和评价指数的分布特征,可使用标准差法或自然断点分级法,定义风险等级区间,将高温灾害风险划分为高(1 级)、较高(2 级)、中(3 级)、较低(4 级)、低(5 级)5 个等级(表 3.5.1)。

表 3.5.1 高温灾害风险分区等级

等级	1	2	3	4	5
风险	高	较高	中	较低	低

标准差方法具体分级标准如下：

1 级：风险值≥平均值+1σ；

2 级：平均值+0.5σ≤风险值<平均值+1σ；

3 级：平均值-0.5σ≤风险值<平均值+0.5σ；

4 级：平均值-1σ≤风险值<平均值-0.5σ；

5 级：风险值<平均值-1σ。

其中，风险值为风险评估结果指数，平均值为区域内非 0 风险指数均值，σ 为区域内非 0 风险值标准差。

3.5.3.5 风险区划

根据高温灾害风险评估结果，综合考虑内蒙古地形地貌、区域性特征等，对高温灾害风险进行基于空间单元的划分。按照不同的色值（表 3.5.2～表 3.5.4）绘制风险区划（分区）图，完成高温灾害人口、GDP 及农作物风险区划。

表 3.5.2 高温灾害人口风险等级及色值

风险等级	级别含义	色值（CMYK 值）
1 级	高	0,100,100,25
2 级	较高	15,100,85,0
3 级	中等	5,50,60,0
4 级	较低	5,35,40,0
5 级	低	0,15,15,0

表 3.5.3 高温灾害 GDP 风险等级及色值

风险等级	级别含义	色值（CMYK 值）
1 级	高	15,100,85,0
2 级	较高	7,50,60,0
3 级	中等	0,5,55,0
4 级	较低	0,2,25,0
5 级	低	0,0,10,0

表 3.5.4 高温灾害农作物风险等级及色值

风险等级	级别含义	色值（CMYK 值）
1 级	高	0,40,100,45
2 级	较高	0,0,100,45
3 级	中等	0,0,100,25
4 级	较低	0,0,60,0
5 级	低	10,5,15,0

3.6　低温 »»»

内蒙古低温灾害风险评估与区划技术路线如图 3.6.1 所示。

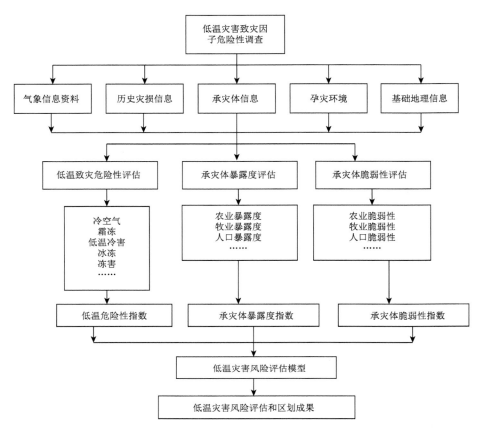

图 3.6.1　内蒙古低温灾害风险评估与区划技术路线

3.6.1　致灾过程确定技术方法

3.6.1.1　冷空气(寒潮)致灾过程确定

1. 单站冷空气判定

冷空气过程识别方法依据《冷空气过程监测指标》(QX/T 393—2017),其强度分中等强度冷空气、强冷空气和寒潮:

(1)中等强度冷空气:8 ℃的冷空气单站>48 h 降温幅度≥6 ℃的冷空气。

(2)强冷空气:单站 48 h 降温幅度≥8 ℃的冷空气。

(3)寒潮:单站 24 h 降温幅度≥8 ℃或单站 48 h 降温幅度≥10 ℃或单站 72 h 降温幅度≥12 ℃,且日最低气温≤4 ℃的冷空气。

冷空气持续两日及以上,判定为出现一次冷空气过程。

2. 区域性冷空气过程判定

在同一次过程中,凡盟(市)所选气象站有 50% 及以上的监测站点达到中等以上强度冷空气则为一次全盟(市)性冷空气过程;凡东、中、西部各地区中有 50% 及以上的盟(市)出现中等以上强度冷空气过程,定为该地区性冷空气过程;凡全区东、中、西部有 2 个或 3 个地区出现中等以上强度冷空气过程时,定为全区性冷空气过程。

当各地区中有 50% 及以上盟(市)达强冷空气标准(可包括 1 个盟(市)达寒潮标准),定为该地区强冷空气;3 个地区达强冷空气标准(可包括 1 个地区达寒潮标准)定为全区性强冷空气。当各地区中有 50% 及以上盟(市)达中等强度冷空气标准(可包括 1 个盟(市)达强冷空气标准),定为该地区中等强度冷空气;3 个地区达中等强度冷空气标准(可包括 1 个地区达强冷空气标准)定为全区性中等强度冷空气。

其中,东部地区包括呼伦贝尔市、兴安盟、通辽市、赤峰市,中部地区包括锡林郭勒盟、乌兰察布市、呼和浩特市,西部地区包括包头市、鄂尔多斯市、巴彦淖尔市、乌海市、阿拉善盟。

3.6.1.2　霜冻害致灾过程确定

1. 单站霜冻灾害判定

参照内蒙古自治区地方标准《霜冻灾害等级》(DB15/T 1008—2016),采用地面最低温度小于或等于 0 ℃的温度和出现日期的早、晚作为划分霜冻灾害等级的主要依据。气象站夏末秋初地面最低温度小于或等于 0 ℃时的第一日定为初霜日,春末夏初地面最低温度小于等于 0 ℃时的最后一日定为终霜日。没有地面最低气温的站点可参照《中国灾害性天气气候图集》,采用日最低气温≤2 ℃作为霜冻指标。

单站霜冻灾害等级划分,采用温度等级和初终霜日期出现早(提前)、晚(推后)天数或正常(气候平均日期)的综合等级指标。

(1)温度等级划分

当气象站某年出现霜冻后,依据当日地面最低温度,将霜冻划分为 3 个等级,即 −1～0 ℃、−3～−1 ℃、≤−3 ℃。

(2)日期早、晚等级划分指标

以单站当年的初、终霜日比其气候平均日期早或晚的天数,将霜冻划分为 4 个等级,即初霜日期比气候平均日期正常或晚 1～5 d、早 1～5 d、早 6～10 d、早 10 d 以上;终霜日期比其气候平均日期正常或早 1～5 d、晚 1～5 d、晚 6～10 d、晚 10 d 以上。

(3)单站霜冻灾害划分指标

依据温度等级和日期早晚等级划分指标,将霜冻灾害等级划分为 3 级,即轻度霜冻、中度霜冻和重度霜冻。具体划分标准如表 3.6.1 和表 3.6.2 所示。

表 3.6.1　单站初霜冻灾害等级划分指标

项目	温度/℃		
	−1～0	−3～−1	≤−3
正常或晚 1～5 d	无灾害	轻度灾害	轻度灾害
早 1～5 d	轻度灾害	中度灾害	重度灾害
早 6～10 d	中度灾害	中度灾害	重度灾害
早 10 d 以上	重度灾害	重度灾害	重度灾害

表 3.6.2　单站终霜冻灾害等级划分指标

项目	温度/℃		
	−1~0	−3~−1	≤−3
正常或早 1~5 d	无灾害	轻度灾害	轻度灾害
晚 1~5 d	轻度灾害	中度灾害	重度灾害
晚 6~10 d	中度灾害	中度灾害	重度灾害
晚 10 d 以上	重度灾害	重度灾害	重度灾害

2. 区域霜冻灾害判定

(1)若区域内有大于或等于 50% 的国家级气象站发生了霜冻灾害,且其中发生重度霜冻的站点占一半以上,则认为该区域发生了重度霜冻灾害。

(2)若区域内有大于或等于 50% 的国家级气象站发生了霜冻灾害,且其中发生中度以上霜冻的站点占一半以上,但未达到第一条规定的条件时,则认为该区域发生了中度霜冻灾害。

(3)若区域内有大于或等于 50% 的国家级气象站发生了霜冻灾害,但未达到第一条和第二条规定的条件时,则认为该区域发生了轻度霜冻灾害。

这里所指的区域,可以是一个盟(市)或多个盟(市)或者全区。

3.6.1.3　低温冷害致灾过程确定

低温冷害指在作物生长发育期间,尽管日最低气温在 0 ℃ 以上,天气比较温暖,但出现较长时间的持续性低温天气,或者在作物生殖生长期间出现短期的强低温天气过程,日平均气温低于作物生长发育适宜温度的下限指标,影响农作物的生长发育和结实而引起减产的农业自然灾害。不同作物的各个生长发育阶段要求的最适宜温度和能够耐受的临界低温有很大的差异,品种之间也不相同,因此低温对不同作物、不同品种及作物的不同生长发育阶段的影响有较大差异。

单站低温冷害的判定指标:

(1)5—9 月大于 10 ℃ 的积温距平小于 −100 ℃·d(可根据实际进行调整)。

(2)5—9 月平均气温距平之和 ≤−3 ℃;作物生长发育期内月平均气温距平 ≤−1 ℃。

(3)作物生长发育期内日最低气温低于作物生长发育下限温度并持续 5 d 以上。

低温冷害年等级划分指标:

(1)轻度低温冷害:对植株正常生长发育有一定影响,造成产量轻度下降。

(2)中度低温冷害:低温冷害持续时间较长,作物生长发育期明显延迟,影响正常开花、授粉、灌浆,结实率低,千粒重下降。

(3)重度低温冷害:作物因长时间低温不能成熟,严重影响产量和质量。

区域低温冷害判定:

若区域内有大于或等于 50% 的国家级气象站出现低温冷害,则为一次区域性低温冷害灾害事件。这里所指的区域,可以是一个盟(市)或多个盟(市)或者全区。

3.6.1.4　冷雨湿雪致灾过程确定

冷雨湿雪指在连续降雨或者雨夹雪的过程中(或之后)伴随着较强的降温或冷风。

单站冷雨湿雪判定：

满足以下任一条件为一个冷雨湿雪日：

（1）日降水量≥5 mm，5 ℃＜日平均气温≤10 ℃，24 h 日最低气温降温幅度≥6 ℃。

（2）日降水量≥5 mm，5 ℃＜日平均气温≤10 ℃，6 ℃≥24 h 日最低气温降温幅度＞4 ℃，风速≥4 m·s⁻¹。

（3）日降水量≥5 mm，日平均气温≤5 ℃，24 h 日最低气温降温幅度≥4 ℃。

（4）日降水量≥5 mm，日平均气温≤5 ℃，4 ℃≥24 h 日最低气温降温幅度＞2 ℃，风速≥2 m·s⁻¹。

区域冷雨湿雪判定：

若区域内有大于或等于 50% 的国家级气象站出现冷雨湿雪灾害，则为一次区域性冷雨湿雪灾害事件。这里所指的区域，可以是一个盟（市）或多个盟（市）或者全区。

3.6.1.5　低温灾害致灾因子确定

基于上述识别的低温灾害事件，确定各类低温灾害致灾因子，如过程持续时间（D）和强度，强度可选取过程平均气温（T_{ave}）和过程极端最低气温（T_{Emin}）、过程平均最低气温（T_{Amin}）、过程最大降温幅度（ΔT_{max}）、过程平均日照时数、过程累积降水量等。针对不同低温灾害类型（表 3.6.3），不同地区或盟（市）、旗（县）可根据灾情识别或选取不同低温灾害致灾因子。

表 3.6.3　低温灾害致灾因子

低温灾害类型	危险性指标
冷空气（寒潮）	持续时间、过程最大降温幅度、过程极端最低气温等
霜冻	霜冻日数、霜冻开始和结束日日最低气温、霜冻期平均气温、霜冻期平均最低气温等
低温冷害	生育期月平均气温距平、≥10 ℃积温距平、5—9 月平均气温距平、日最低气温低于作物生长发育期下限温度值、持续时间等
冷雨湿雪	持续时间、过程平均气温、过程累积降水量、过程平均风速等

3.6.2　致灾因子危险性评估技术方法

3.6.2.1　冷空气（寒潮）危险性评估

指数计算公式如下：

$$H_{cold} = A \times D_{cold} + B \times \Delta T_{max} + C \times T_{Emin}$$

式中：H_{cold} 为冷空气（寒潮）危险性指数；D_{cold}、ΔT_{max}、T_{Emin} 分别是归一化后的 3 个致灾因子指数；A、B、C 为权重。

3.6.2.2　霜冻危险性评估

指数计算公式如下：

$$H_{frost} = A \times D_{frost} + B \times T_{ave} + C \times T_{Amin}$$

式中：H_{frost} 为霜冻害危险性指数；D_{frost}、T_{ave}、T_{Amin} 分别是归一化后的 3 个致灾因子指数；A、B、C 为权重。

3.6.2.3 低温冷害危险性评估

指数计算公式如下：

$$H_{\mathrm{dwlh}} = A \times \Delta T + B \times D_{\mathrm{dwlh}}$$

式中：H_{dwlh} 为低温冷害危险性指数；ΔT、D_{dwlh} 分别是归一化后的 2 个致灾因子指数；A、B 为权重。

3.6.2.4 冷雨湿雪危险性评估

指数计算公式如下：

$$H_{\mathrm{lysx}} = A \times D_{\mathrm{lysx}} + B \times \overline{T} + C \times P + D \times \overline{v}_{\max}$$

式中：H_{lysx} 为冷雨湿雪危险性指数；D_{lysx}、$\overline{T}$、P、$\overline{v}_{\max}$ 分别是归一化后的 4 个致灾因子指数；A、B、C、D 为权重。

低温灾害涉及冷空气（寒潮）、霜冻、低温冷害、冷雨湿雪等灾害类型，可根据评估区域实际，结合不同的低温灾害类型，分别计算各低温灾害危险性指数后，将各低温灾害危险性指数加权求和得到低温灾害危险性指数。低温灾害危险性指数计算公式如下：

$$H_{\mathrm{dw}} = \sum_{i=1}^{N} a_i \times X_i$$

式中：H_{dw} 为低温灾害危险性指数；X_i 为第 i 种低温灾害（如冷空气、霜冻、低温冷害等）危险性指数值；a_i 为第 i 种低温灾害权重，可由熵权法、层次分析法、专家打分法或其他方法获得。利用小网格推算法，建立研究区境内气象站点低温致灾因子与海拔高度的回归方程，通过 GIS 空间分析法对危险性指数进行空间插值，制作各类低温灾害危险性评估图。

基于低温灾害危险性评估结果，综合考虑行政区划（或气候区、流域等），对低温灾害危险性进行基于空间单元的划分，并根据危险性评估结果制作成果图件。根据低温灾害危险性指标值分布特征，可使用标准差等方法，将低温灾害危险性分为 4 级（表 3.6.4）。

表 3.6.4 低温灾害危险性等级划分标准

等级	标准
Ⅰ	$\geqslant \mathrm{ave} + \sigma$
Ⅱ	$[\mathrm{ave}, \mathrm{ave} + \sigma)$
Ⅲ	$[\mathrm{ave} - \sigma, \mathrm{ave})$
Ⅳ	$< \mathrm{ave} - \sigma$

注：ave 为区域内非 0 危险性指标值均值，σ 为区域内非 0 危险性指标值标准差。

3.6.3 风险评估与区划技术方法

3.6.3.1 暴露度评估

暴露度评估可采用区划范围内人口密度、地均 GDP、农作物种植面积比例、畜牧业所占面积比例等作为评价指标来表征人口、经济、农作物和畜牧业等承灾体暴露度。

以区划范围内承灾体数量或种植面积与总面积之比作为承灾体暴露度指标为例,暴露度指数计算方法如下:

$$E = \frac{S_E}{S}$$

式中,E 为承灾体暴露度指标,S_E 为区域内承灾体数量或种植面积,S 为区域总面积或耕地面积。对各评价指标进行归一化处理,得到不同承灾体的暴露度指数。

3.6.3.2 脆弱性评估

脆弱性评估可采用区域范围内低温灾害受灾人口、直接经济损失、受灾面积、灾损率等作为评价敏感性的指标来表征脆弱性。

以区域范围内受灾人口、直接经济损失、主要农作物受灾面积与总人口、国内生产总值、农作物总种植面积之比作为脆弱性指标为例,脆弱性指数计算方法如下:

$$V_i = \frac{S_V}{S}$$

式中,V_i 为第 i 类承灾体脆弱性指数,S_V 为受灾人口、直接经济损失或受灾面积,S 为总人口、国内生产总值或农作物种植总面积。对各评价指标进行归一化处理,得到不同承灾体的脆弱性指数。

3.6.3.3 风险评估

由于低温灾害涉及冷空气(寒潮)、霜冻、低温冷害、冷雨湿雪等灾害类型,可结合评估区域实际,选择不同的低温灾害类型,结合对不同承灾体暴露度和脆弱性评估结果,基于低温灾害风险评估模型,分别对各类低温灾害开展风险评估工作。低温灾害风险评估模型如下:

$$R_{dw} = H \times E \times V$$

式中,R_{dw} 为特定承灾体低温灾害风险评价指数,H 为致灾因子危险性指数,E 为承灾体暴露度指数,V 为脆弱性指数。

依据风险评估结果,针对不同承灾体,使用标准差方法定义风险等级区间,可将低温灾害风险划分为 5 级(表 3.6.5)。

表 3.6.5 低温灾害风险区划等级

等级	等级名称	标准
Ⅰ	高	$\geqslant ave + \sigma$
Ⅱ	较高	$[ave + 0.5\sigma, ave + \sigma)$
Ⅲ	中	$[ave - 0.5\sigma, ave + 0.5\sigma)$
Ⅳ	较低	$[ave - \sigma, ave - 0.5\sigma)$
Ⅴ	低	$< ave - \sigma$

注:ave 为区域内非 0 风险指标值均值,σ 为区域内非 0 风险标准差。

3.7 雷电 ▶▶▶

以旗（县）为基本调查单元,采取全面调查和重点调查相结合的方式,利用监测站点数据汇集整理、档案查阅、现场勘查等多种调查技术手段,开展致灾危险性、承灾体暴露度、历史灾害和减灾资源（能力）等雷电灾害风险要素普查。运用统计分析、空间分析、地图绘制等多种方法,开展雷电灾害致灾危险性评估和综合风险区划（图 3.7.1）。

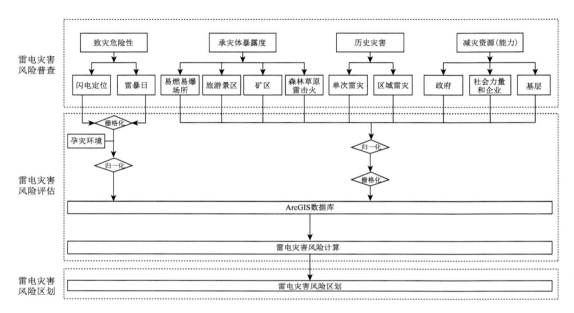

图 3.7.1 内蒙古雷电灾害风险评估与区划技术路线

3.7.1 致灾过程确定技术方法

本次普查在对雷电灾害风险进行分析时,剔除雷电流幅值为 0～2 kA 和 200 kA 以上的雷电定位系统资料,仅考虑 2～200 kA 的雷电流分布情况。

3.7.2 致灾因子危险性评估技术方法

致灾危险性指数 R_H 主要选取雷击点密度 L_d、地闪强度 L_n、土壤电导率 S_c 和海拔高度 E_h、地形起伏度 T_r 5 个评价指标进行评价。将 5 个评价指标依据各自影响程度,采用加权综合评价法按照下面公式计算得到评价因子 R_H:

$$R_H = (L_d \times w_d + L_n \times w_n) \times (S_c \times w_c + E_h \times w_h + T_r \times w_r)$$

式中:R_H 为致灾危险性指数;L_d 为雷击点密度,w_d 为雷击点密度权重;L_n 为地闪强度,w_n 为地闪强度权重;S_c 为土壤电导率,w_c 为土壤电导率权重;E_h 为海拔高度,w_h 为海拔高度权重;T_r 为地形起伏,w_r 为地形起伏权重。

1. 雷击点密度

将行政区域范围划为 3 km×3 km 网格,利用 Kriging 插值法将雷暴日数据和闪电定位数据加权综合得到雷击点密度。

2. 地闪强度

选取 2014—2020 年地闪定位数据资料,剔除雷电流幅值为 0～2 kA 和 200 kA 以上的地闪定位资料,按照表 3.7.1 确定的 5 个等级运用百分位数法分别计算出对应的电流强度阈值,对 5 个不同等级雷电流强度赋予不同的权重值,按照下面公式计算得出地闪强度 L_n 栅格数据:

表 3.7.1 雷电流幅值等级

等级	1 级	2 级	3 级	4 级	5 级
百分位数区间	$(0,20\%]$	$(20\%,30\%]$	$(30\%,40\%]$	$(40\%,80\%]$	$(80\%,100\%]$
权重	1/15	2/15	3/15	4/15	5/15

$$L_n = \sum_{i=1}^{5} \frac{i}{15} F_i$$

式中,L_n 为地闪强度,i 为雷电流幅值等级,F_i 为 i 级雷电流幅值等级的地闪频次。

3. 土壤电导率

土壤电导率指标是对土壤电导率资料运用 GIS 软件提取重采样形成分辨率为 3 km×3 km 的土壤电导率栅格数据。

4. 海拔高度

海拔高度采用高程表示,直接从 DEM 数字高程数据中提取重采样形成分辨率为 3 km×3 km 的海拔高度栅格数据。

5. 地形起伏度

地形起伏度指标是以海拔高度栅格数据为基础,计算以目标栅格为中心、窗口大小为 8×8 的正方形范围内高程的标准差,得到地形起伏度的栅格数据。

6. 致灾危险性等级划分

利用层次分析法确定各因子的权重。根据致灾危险性指数 R_H 计算结果,按照自然断点法将危险性指数 R_H 划分为 4 级,并绘制致灾危险性等级分布图。

3.7.3 风险评估与区划技术方法

雷电灾害风险评估与区划模型由雷电灾害风险指数计算和雷电灾害风险等级划分组成。雷电灾害风险指数由致灾因子危险性、承灾体暴露度和承灾体脆弱性评价因子构成,如图 3.7.2 所示。

3.7.3.1 承灾体暴露度指数

承灾体暴露度指数 R_E 主要选取人口密度 P_d、GDP 密度 G_d、易燃易爆场所密度 I_d 和雷电易发区内矿区密度 K_d、旅游景点密度 T_d 5 个评价指标进行评价。将 5 个评价指标按照各自影响程度,采用加权综合评价法依据下面公式计算得到评价因子 R_E:

$$R_E = P_d \times w_p + G_d \times w_g + I_d \times w_i + K_d \times w_k + T_d \times w_t$$

式中:R_E 为承灾体暴露度指数;P_d 为人口密度,w_p 为人口密度权重;G_d 为 GDP 密度,w_g 为 GDP 密度权重;

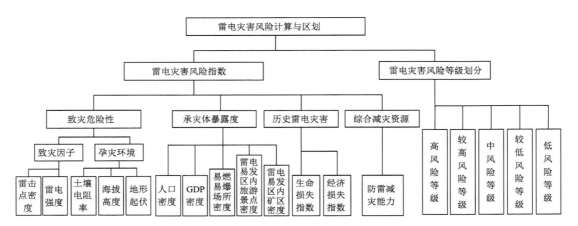

图 3.7.2　内蒙古雷电灾害风险评估与区划模型

I_d 为易燃易爆场所密度，w_i 为易燃易爆场所密度权重；K_d 为雷电易发区内矿区密度，w_k 为雷电易发区内矿区密度权重；T_d 为旅游景点密度，w_t 为旅游景点密度权重。

1. 人口密度

以人口除以土地面积，得到人口密度，提取重采样形成 3 km×3 km 的人口密度栅格数据。

2. GDP 密度

以 GDP 除以土地面积，得到地均 GDP，提取重采样形成 3 km×3 km 的地均 GDP 栅格数据。

3. 易燃易爆场所密度

以辖区内易燃易爆场所的数量除以土地面积，得到易燃易爆场所密度，形成 3 km×3 km 的易燃易爆场所密度栅格数据。

4. 矿区密度

以辖区内矿区的数量除以土地面积，得到矿区密度，形成 3 km×3 km 的矿区密度栅格数据。

5. 旅游景点密度

以辖区内旅游景点的数量除以土地面积，得到旅游景点密度，形成 3 km×3 km 的旅游景点密度栅格数据。

3.7.3.2　承灾体脆弱性指数

承灾体脆弱性指数 R_F 主要选取生命损失、经济损失和防护能力 3 个评价指标进行评价。将 3 个评价指标依据各自影响程度，采用加权综合评价法按照下面公式计算得到评价因子 R_F：

$$R_F = C_l \times w_c + M_l \times w_m + (1 - P_c) \times w_p$$

式中：R_F 为承灾体脆弱性指数；C_l 为生命损失，w_c 为生命损失权重；M_l 为经济损失，w_m 为经济损失权重；P_c 为防护能力，w_p 为防护能力权重。

1. 生命损失

统计单位面积年平均雷电灾害次数（单位：(次·km^{-2})·a^{-1}）与单位面积雷击造成人员伤亡数（单位：(人·km^{-2})·a^{-1}），并进行归一化处理。按照下面公式计算生命损失指数，形成 3 km×3 km 的生命损失指数栅格数据：

$$C_l = 0.5 \times F + 0.5 \times C$$

式中，C_l 为生命损失指数，F 为年平均雷电灾害次数的归一化值，C 为年平均雷击造成人员伤亡数的归一化值。

2.经济损失

统计单位面积年平均雷电灾害次数(单位:(次·km²)·a⁻¹)与雷击造成直接经济损失(单位:(万元·km⁻²)·a⁻¹),并进行归一化处理。按照下面公式计算经济损失指数,形成 3 km×3 km 的经济损失指数栅格数据:

$$M_1 = 0.5 \times F + 0.5 \times M$$

式中,M_1 为经济损失指数,F 为年平均雷电灾害次数的归一化值,M 为年平均雷击造成直接经济损失的归一化值。

3.防护能力

防护能力 P_C 按照表 3.7.2 的要求进行赋值。

表 3.7.2　防护能力指数赋值标准

土地利用类型	建设用地	农用地	未利用地
防护能力指数	1.0	0.6	0.5

当选用政府、企业和基层减灾资源作为因子时,按照下面公式进行计算:

$$P_C = \frac{1}{n} \sum_{i=1}^{n} (J_z \times w_z)$$

式中,J_z 为各类减灾资源密度的归一化指数,w_z 为权重,n 为所选因子的个数。

3.7.3.3　雷电灾害综合风险指数

雷电灾害综合风险指数按照下面公式进行计算:

$$I_{LDR} = H^{w_h} \times E^{w_e} \times V^{w_v}$$

式中:I_{LDR} 为雷电灾害综合风险指数;H 为致灾危险性指数,w_h 为致灾危险性权重;E 为承灾体暴露度,w_e 承灾体暴露度权重;V 为承灾体脆弱性,w_v 承灾体脆弱性权重[①]。

1. 雷电灾害 GDP 损失风险

当雷电灾害综合风险指数公式中承灾体暴露度 E 取 GDP 密度 G_d、承灾体脆弱性 V 取经济损失指数 M_1,并进行归一化处理后计算得到的风险指数值为雷电灾害 GDP 损失风险。

2. 雷电灾害人口损失风险

当雷电灾害综合风险指数公式中承灾体暴露度取人口密度 P_d、承灾体脆弱性取生命损失指数 C_1,并进行归一化处理后计算得到的风险指数值为雷电灾害人口损失风险。

3. 雷电灾害风险等级划分

依据雷电灾害风险指数大小,采用自然断点法,将雷电灾害风险划分为 5 级:高风险等级(Ⅰ)、较高风险等级(Ⅱ)、中风险等级(Ⅲ)、较低风险等级(Ⅳ)、低风险等级(Ⅴ)。

3.8　雪灾

内蒙古雪灾风险评估与区划技术路线如图 3.8.1 所示。

---

① 　H、E 和 V 在风险计算时底数统一乘以 10。指标权重的计算方法使用层次分析法。

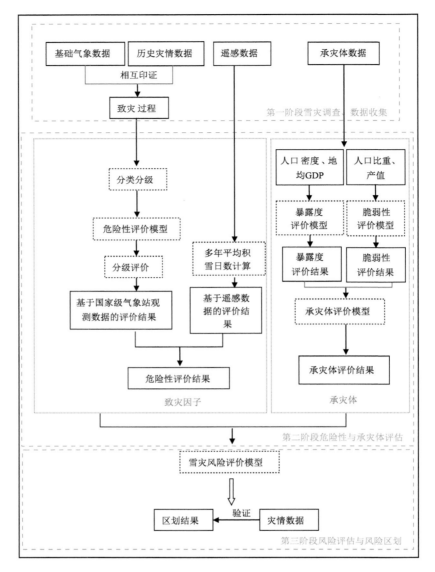

图 3.8.1　内蒙古雪灾风险评估与区划技术路线

3.8.1　致灾过程确定技术方法

据内蒙古雪灾历史灾情,内蒙古雪灾主要分 3 种:一是对牧区生产影响较大的雪灾,即白灾,冬季牧区如果降雪量过大、积雪过厚且积雪时间较长,牧草会被大雪掩埋,加之低温影响,牲畜食草困难,可能会冻饿而死。二是对设施农业、道路交通、电力设施影响较大的雪灾,即发生强降雪并形成积雪时,可能致使蔬菜大棚、房屋等被压垮,或导致电力线路挂雪、倒杆,直至电力中断;或导致公路、铁路等交通阻断。三是地面形成积雪,方向难辨,加之降雪时能见度极差,造成人员或牲畜走失,或者造成交通事故。

综上所述,根据内蒙古雪灾致灾过程对承灾体的影响可将其分为 3 类,并可用以下阈值进行确定:当连续积雪日数≥7 d 时确定为对牧区生产可能产生较大影响的致灾过程(类型 1,白灾);当 3 d≤连续积雪日数＜ 连续 7 d 且降雪量≥10 mm 时确定为对设施农业、电力、交通可能产生较大影响的致灾过程(类型 2);当 1 d≤连续积雪日数＜3 d 且能见度＜1000 m,确定为对交通可能影响较大,可能造成人员和牲畜走失的致灾过程(类型 3)。

根据表 3.8.1 中的阈值,结合相关气象数据,筛选内蒙古雪灾致灾过程,统计内蒙古雪灾致灾过程信息,包括开始和结束时间、累积降雪量、最大积雪深度、积雪日数、降雪日数、最低气温、最大风速等。所筛选的致灾过程将下发到盟(市)、旗(县、区)气象部门,由盟(市)、旗(县、区)气象部门结合所调查的历史灾情进行审核、补充、完善,形成最终的内蒙古雪灾致灾过程数据集。在审核筛选的雪灾致灾过程中,综合考虑中国雪深长时间序列集和中国 1980—2020 年雪水当量 25 km 逐日产品 2 种遥感数据产品。

表 3.8.1 内蒙古雪灾致灾过程分类及阈值确定

项目	连续积雪日数/d	过程最大累积降雪量/mm	过程最小能见度/m
类型 1(白灾,对牧区生产影响较大)	≥7		
类型 2(对设施农业、交通和电力设施影响较大)	[3,7)	≥10	
类型 3(对交通影响较大,可能造成牲畜和人员走失,或者造成交通事故)	[1,3)		<1000

3.8.2 致灾因子危险性评估技术方法

3.8.2.1 基于国家气象站观测数据的雪灾危险性指数

致灾因子危险性指致灾因子的危险程度,本次考虑从强度和频率两方面来评估这种危险程度,所建立的致灾因子危险性评估模型如下:

$$D = \sum_{i=1}^{n} F_i \times Q_i$$

式中,D 代表雪灾致灾因子危险性指数,对雪灾致灾过程进行分级,假设分为 n 级,则第 i 级致灾过程强度值为 Q_i,其出现频率为 F_i,Q_i 的计算公式为

$$Q_i = i / \sum_{i=1}^{n} i$$

内蒙古雪灾致灾过程分为 3 种类型,每种类型致灾过程强度分级如表 3.8.2～表 3.8.4 所示。

表 3.8.2 类型 1 致灾过程强度等级划分

项目	积雪日数/d				
	≤30	(30,60]	(60,90]	(90,120]	>120
等级	5 级	4 级	3 级	2 级	1 级
致灾过程强度值	1/15	2/15	3/15	4/15	5/15

表 3.8.3 类型 2 致灾过程强度等级划分

项目	降雪量/mm			
	(10,15]	(15,20]	(20,25]	>25
等级	4 级	3 级	2 级	1 级
致灾过程强度值	1/10	2/10	3/10	4/10

表 3.8.4　类型 3 致灾过程强度等级划分

项目	降雪量/mm		
	≤3	(3,5]	(5,10]
等级	3 级	2 级	1 级
致灾过程强度值	3/6	2/6	1/6

3 种类型的危险性评估指数和综合性评估指数分别如下：

$$D_1 = F_{11} \times Q_{11} + F_{12} \times Q_{12} + F_{13} \times Q_{13} + F_{14} \times Q_{14} + F_{15} \times Q_{15}$$

$$D_2 = F_{21} \times Q_{21} + F_{22} \times Q_{22} + F_{23} \times Q_{23} + F_{24} \times Q_{24}$$

$$D_3 = F_{31} \times Q_{31} + F_{32} \times Q_{32} + F_{33} \times Q_{33}$$

$$D_s = W_1 \times D_1 + W_2 \times D_2 + W_3 \times D_3$$

式中：D_s 代表基于国家级气象站观测数据的雪灾致灾因子危险性指数；D_1、D_2、D_3 分别为类型 1、类型 2、类型 3 的危险性指数；W_1、W_2、W_3 为 3 种类型致灾过程出现频率；$F_{11} \sim F_{33}$ 为不同类型致灾过程各等级出现频率；$Q_{11} \sim Q_{33}$ 为不同类型致灾过程各等级强度值，从 5 级至 1 级逐渐增大。

3.8.2.2　结合遥感数据的雪灾危险性指数

盟（市）、旗（县、区）观测站点相对较少，大部分旗（县、区）只有 1 个国家级气象站，如果只依靠国家级气象站观测数据开展雪灾致灾因子危险性评估，即使评估结果可靠，也无法进行本区域危险性区划，因此需结合与积雪有关的遥感数据建立评估模型。以往研究显示，积雪的初日开始越早、终日结束越迟的地方，即积雪期越长的地方，发生雪灾的概率越高，因此考虑在雪灾危险性评价模型中加入积雪概率这一指标。将以气象站点为基础计算出的雪灾危险性指数与积雪概率进行归一化加权，采用熵值法确定各自权重，形成综合的致灾因子危险性指数，公式如下：

$$D_c = w_s \times D_s + w_r \times D_r$$

式中，D_c 为结合遥感数据的雪灾致灾危险性指数，D_s 为基于国家级气象站观测数据的雪灾危险性指数，D_r 为基于遥感数据的雪灾危险性指数，w_s、w_r 分别为 D_s、D_r 的权重。采用欧空局积雪概率数据（栅格数据，空间分辨率为 1 km），计算得到内蒙古年平均积雪日数的空间分布，将其归一化后即得到基于遥感数据的雪灾致灾因子危险性指数。根据危险性指标值分布特征，使用自然断点法将危险性分为高、较高、较低、低 4 个等级。

3.8.3　风险评估与区划技术方法

3.8.3.1　雪灾承灾体评估

承灾体主要包括人口、国民经济、农业（小麦、玉米、水稻），统计区域为全国时，上述承灾体可考虑全部开展评估，统计区域为省级及以下时，人口和国民经济为必做项，其他为选做项。评估内容包括承灾体暴露度和脆弱性，有关内容可视全国气象灾害综合风险普查办和国务院普查办提供的信息作调整（表 3.8.5）。

表 3.8.5　承灾体暴露度和脆弱性因子

承灾体	暴露度因子	脆弱性因子	脆弱性因子权重
人口	人口密度	0～14 岁及 65 岁以上人口数比重	人口受灾率
国民经济	地均 GDP	第一产业产值比重	直接经济损失率

统计脆弱性因子指标时,在雪灾灾情等资料较为完善,可获取的前提下可考虑脆弱性因子权重;如灾情数据无法获取,则只考虑承灾体暴露度。

针对不同承灾体,每个地级市分别拥有一个脆弱性因子权重,以地级市为单元统计受灾率。

$$人口受灾率＝年受灾人数／行政区人口数$$

最终,针对不同承灾体,统计单元内的承灾体指标(B)计算公式为

$$B = E \times (V \times w)$$

式中,E 为暴露度,V 为脆弱性,w 为脆弱性权重。

3.8.3.2　雪灾风险评估与区划

根据统计单元内致灾因子危险性指标(H)、承灾体指标(B),统计各承灾体的危险性指标(R)。雪灾风险评估模型如下:

$$R_s = H \times B$$

针对不同承灾体,根据风险指标值分布特征,使用自然断点法将雪灾风险分为高、较高、中、较低、低 5 个等级。

3.8.4　其他技术方法

归一化方法和权重确定方法与 3.2.5 中所述相同。

3.9　沙尘暴

根据沙尘暴灾害的形成机理,将沙尘暴灾害风险分析指标分为 3 个:

(1)存在诱发沙尘暴灾害的因素,即致灾因子指标;

(2)形成沙尘暴灾害的环境,即孕灾环境指标;

(3)沙尘暴影响区有人类居住或分布,有社会财产,即承灾体指标。

致灾因子的危险性和孕灾环境的稳定性构成了沙尘暴灾害风险发生的可能性,承灾体的脆弱性构成了沙尘暴灾害发生可能的损失。沙尘暴灾害风险是致灾因子危险性、孕灾环境敏感性和承灾体易损性综合作用的结果,沙尘暴灾害风险函数可表示为

$$沙尘暴灾害风险指标＝f(危险性,敏感性,易损性)$$

致灾因子危险性、孕灾环境敏感性和承灾体的易损性 3 个评价因子选择相应的评价指标计算得到。

根据风险评估结果,综合考虑地形地貌、区域性特征等,对沙尘暴灾害风险进行区划,沙尘暴灾害风险区划技术流程如图 3.9.1 所示。

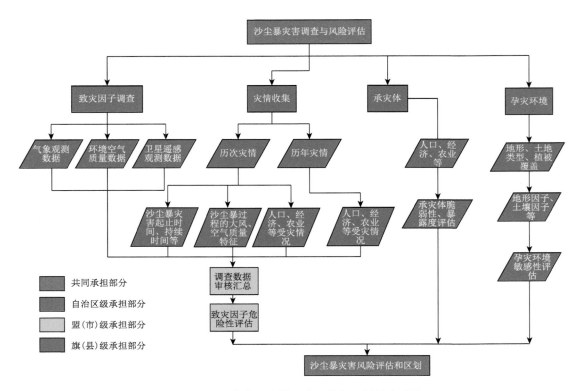

图 3.9.1 内蒙古沙尘暴风险评估与区划技术路线

3.9.1 致灾过程确定技术方法

收集调查区域内历年沙尘暴灾害过程频次以及历次沙尘暴灾害致灾因子基本情况,包括沙尘暴灾害发生起止时间、种类(如沙尘暴、强沙尘暴、特强沙尘暴、扬沙、浮尘等)以及灾害发生地经度、纬度、影响范围等。

3.9.2 致灾因子危险性评估技术方法

3.9.2.1 致灾因子定义与识别

致灾因子的危险性是指造成灾害的变异程度,主要是由灾变活动的规模(强度)和频次(概率)决定的。一般灾害强度越大,频次越高、能见度越低、气溶胶浓度越高,灾害所造成的破坏和损失越严重。

选择发生沙尘天气(含沙尘暴、强沙尘暴、特强沙尘暴、扬沙、浮尘)的年平均日数(频次,$d \cdot a^{-1}$)、沙尘暴的年平均日数(频次,$d \cdot a^{-1}$)、最大或极大风速平均值(强度,$m \cdot s^{-1}$)、最低水平能见度(km)、气溶胶光学厚度(AOD)平均值(可选)和环境空气质量 PM_{10} 日均最大值(可选)作为沙尘暴灾害致灾因子的危险性评估指标。

3.9.2.2　沙尘暴灾害的危险性评估指数

《沙尘天气等级》(GB/T 20480—2006)将沙尘天气分为浮尘、扬沙、沙尘暴、强沙尘暴和特强沙尘暴 5 个等级。依据不同等级沙尘暴的判别标准(表 3.9.1),统计 1978—2020 年浮尘、扬沙、沙尘暴、强沙尘暴、特强沙尘暴分别出现的日数。

表 3.9.1　沙尘暴等级划分标准

等级	能见度
浮尘	<10 km
扬沙	1~10 km
沙尘暴	<1 km
强沙尘暴	<500 m
特强沙尘暴	<50 m

用各个站点一年内沙尘暴日数作为频次信息,频次统计单位为 $\mathrm{d \cdot a^{-1}}$,根据沙尘暴强度等级越高,沙尘暴日数越多,沙尘暴发生越频繁,对灾害形成所起的作用越大的原则,各评价因子和评价指标进行归一化处理,其权重大小根据层次分析法或熵值法确定。

最后构建不同强度等级沙尘暴出现频次危险性指数(P):

$$P = w_A \times S_A + w_B \times S_B + w_C \times S_C + w_D \times S_D + w_E \times S_E$$

式中:P 为不同强度等级沙尘暴出现频次危险性指数;S_A 为特强沙尘暴出现频次的标准化值,w_A 为其所占权重;S_B 为强沙尘暴出现频次的标准化值,w_B 为其所占权重;S_C 为沙尘暴出现频次的标准化值,w_C 为其所占权重;S_D 为扬沙出现频次的标准化值,w_D 为其所占权重;S_E 为浮尘出现频次的标准化值,w_E 为其所占权重。

选取最大或极大风速平均值(强度,单位:$\mathrm{m \cdot s^{-1}}$)、最低水平能见度(km)、气溶胶光学厚度平均值(可选)、环境空气质量 PM_{10} 日均最大值(可选)表示各个站点每年沙尘暴日的强度信息。

采用熵权法确定强度和频次的权重,三个(加可选为四个或五个指标因子)指标进行归一化处理后通过加权相加后得到沙尘暴灾害致灾因子的危险性评估指数(H)。计算公式为

$$H = w_P \times P + w_G \times G + w_V \times V + w_A \times A + w_M \times M$$

式中:H 为沙尘暴灾害致灾因子的危险性评估指数;P 为不同强度等级沙尘暴出现频次危险性指数,w_P 为其所占权重;G 为最大或极大风速平均值的标准化值,w_G 为其所占权重;V 为最低水平能见度的标准化值,w_V 为其所占权重;A 为气溶胶光学厚度的标准化值,w_A 为其所占权重;M 为环境空气质量 PM_{10} 日均最大值的标准化值,w_M 为其所占权重。

根据沙尘暴灾害致灾因子危险性指数分布特征,可使用标准差等方法将沙尘暴灾害致灾因子危险性分为 4 级(表 3.9.2)。

表 3.9.2　沙尘暴灾害危险性等级划分标准

等级	等级含义	标准
I	高危险性	$\geqslant \mathrm{ave} + \sigma$
II	较高危险性	$[\mathrm{ave}, \mathrm{ave} + \sigma)$
III	较低危险性	$[\mathrm{ave} - \sigma, \mathrm{ave})$
IV	低危险性	$< \mathrm{ave} - \sigma$

注:ave 为区域内非 0 危险性指标值均值,σ 为区域内非 0 危险性指标值标准差。

3.9.3 风险评估与区划技术方法

3.9.3.1 孕灾环境敏感性评估

沙尘暴孕灾环境主要指地形、土地类型、植被覆盖等因子对沙尘暴灾害形成的综合影响。内蒙古沙尘暴孕灾环境基于下垫面条件,考虑沙化土地面积、土地利用类型、植被覆盖度3个因子的相对影响性,采用信息熵赋权法、层次分析法或专家打分法对各指标赋权重,进而更好地开展孕灾环境敏感性的评估。

1. 沙化土地面积

内蒙古是全国荒漠化和沙化土地最为集中、危害最为严重的省区之一。全区荒漠化土地面积9.14亿亩[①],占全国荒漠化土地面积的23.3%;沙化土地面积6.12亿亩,占全国沙化土地面积的23.7%。全区境内分布有巴丹吉林、腾格里、乌兰布和、库布其四大沙漠和毛乌素、浑善达克、科尔沁、呼伦贝尔四大沙地。沙化土地遍布全区12个盟(市)的91个旗(县)。退化的土地、裸露的地表、冬春季土壤表层缺乏保护,对风沙天气的出现提供了有利条件。

2. 土地利用类型

土地利用类型反映了土地的经济状态,是土地利用分类的地域单元。通过研究和划分土地利用类型(表3.9.3),一方面可查清各类用地的数量及其地区分布,评价土地的质量和发展潜力;另一方面可阐明土地利用结构的合理性,揭示土地利用存在问题,为合理利用土地资源,调整土地利用结构和确定土地利用方向提供依据。

表 3.9.3 土地利用类型

一级分类	二级分类
耕地	旱地
林地	有林地
	灌木林
	疏林地及其他林地
草地	高覆盖度草地
	中覆盖度草地
	低覆盖度草地
水域	水域
建设用地	城镇用地
	农村居民用地
	其他建设用地
未利用土地	沙地
	盐碱地
	裸地及其他

3. 植被覆盖度

应用线性混合模型计算植被覆盖度:

---

① 1亩≈666.7 m²。

$$f_c = (I_{NDV} - I_{NDVmin})/(I_{NDVmax} - I_{NDVmin})$$

式中，f_c 为植被覆盖度，I_{NDV} 为归一化植被指数，I_{NDVmax} 和 I_{NDVmin} 分别为 I_{NDV} 最大值和最小值。

4.沙尘暴孕灾环境影响系数

沙尘暴孕灾环境影响系数的计算公式如下：

$$I_{ss} = w_s S_s + w_1 S_1 + w_c f_c$$

式中，I_{ss} 为沙尘暴孕灾环境影响系数，S_s 为沙化土地面积系数，S_1 为土地利用类型系数，f_c 为植被覆盖度系数，w_s、w_1、w_c 分别为上述几项的权重，总和为1。

3.9.3.2 沙尘暴灾害风险评估

沙尘暴实际造成危害的程度与承灾体暴露度和脆弱性有关。同等强度的沙尘暴，发生在人口和经济暴露度高、脆弱性高的地区造成的损失往往要比发生在人口和经济暴露度低、脆弱性低的地区大得多，灾害风险也相应偏大。

1.主要承灾体暴露度

暴露度评估可采用区域范围内人口密度、地均 GDP 等作为评价指标，表征人口、经济等承灾体暴露度。选取承灾体人口、经济进行暴露度分析的具体指标如下：

人口暴露度：各县常住人口密度。

经济暴露度：各县 GDP 密度。

为了消除各指标的量纲差异，对人口暴露度、经济暴露度进行归一化处理。

2.主要承灾体脆弱性

脆弱性评估可采用区域范围内沙尘暴灾害受灾人口、直接经济损失、受灾面积、灾损率等作为评价敏感性的指标表征脆弱性。

选取承灾体人口、经济进行脆弱性分析的具体指标如下：

人口脆弱性：因沙尘暴灾害造成的死亡人口和受灾人口占区域总人口的比例。

经济脆弱性：因沙尘暴灾害造成的直接经济损失占区域 GDP 的比例。

为了消除各指标的量纲差异，对人口脆弱性、经济脆弱性进行归一化处理，得到不同承灾体的脆弱性指数。

脆弱性指数计算方法如下：

$$V_i = \frac{S_v}{S}$$

式中，V_i 为第 i 类承灾体脆弱性指数，S_v 为受灾人口、直接经济损失或受灾面积，S 为总人口、国内生产总值。

3.灾害风险评估

结合不同承灾体暴露度和脆弱性评估结果，基于沙尘暴灾害风险评估模型，对沙尘暴灾害开展风险评估工作，同时基于沙尘暴灾害的危险性指数和孕灾环境敏感指数，对沙尘暴灾害整体开展风险评估工作。根据沙尘暴灾害风险形成原理及评价指标体系，分别将致灾危险性、承灾体暴露度和承灾体脆弱性各指标进行归一化，再加权综合，建立风险评估模型：

$$R = H \times S \times E \times V$$

式中，R 为特定承灾体沙尘暴灾害风险评价指数，H 为致灾因子危险性指数，S 为孕灾环境敏感性指数，E 为承灾体暴露度指数，V 为脆弱性指数。

依据风险评估结果,针对不同承灾体,使用标准差方法定义风险等级区间,可将沙尘暴灾害风险按5级区划划分(表3.9.4)。

表 3.9.4　沙尘暴灾害风险区划等级

等级	等级含义	标准
I	高风险区	$\geqslant ave+\sigma$
II	较高风险区	$[ave+0.5\sigma, ave+\sigma)$
III	中风险区	$[ave-0.5\sigma, ave+0.5\sigma)$
IV	较低风险区	$[ave-\sigma, ave-0.5\sigma)$
V	低风险区	$<ave-\sigma$

注:ave 为区域内非 0 风险指标值均值,σ 为区域内非 0 风险值标准差。

3.10　气象灾害综合危险性

3.10.1　综合危险性评估技术方法

分别对内蒙古全区范围的暴雨、干旱、高温、低温、大风、冰雹、雪灾、雷电和沙尘暴 9 种气象灾害的危险性指数进行归一化处理。各灾种危险性指数归一化计算公式为

$$x' = \frac{x - x_{\min}}{x_{\max} - x_{\min}}$$

式中,x' 为归一化后的数据,x 为样本数据,$x_{\min}$ 为样本数据中的最小值,$x_{\max}$ 为样本数据中的最大值。

内蒙古气象灾害综合危险性指数是由归一化处理后的全区暴雨、干旱、高温、低温、大风、冰雹、雪灾、雷电和沙尘暴 9 种气象灾害危险性指数加权综合而得。根据内蒙古气象灾害特点,采用专家打分法分别确定了内蒙古暴雨、干旱、高温、低温、大风、冰雹、雪灾、雷电和沙尘暴 9 种气象灾害的权重。具体计算模型如下:

气象灾害综合危险性指数＝暴雨危险性指数×0.19＋干旱危险性指数×0.21＋高温危险性指数×0.08＋低温危险性指数×0.09＋大风危险性指数×0.09＋冰雹危险性指数×0.11＋雪灾危险性指数×0.12＋雷电危险性指数×0.06＋沙尘暴危险性指数×0.05

利用 ArcGIS 软件的栅格运算工具,加权求和得到全区范围的内蒙古气象灾害综合危险性指数。

3.10.2　综合致灾危险性评估与分区

基于内蒙古气象灾害综合危险性指数,结合内蒙古行政区域,采用自然断点法将气象灾害综合危险性等级划分为 1～4 级共 4 个等级,分别对应高、较高、较低和低。内蒙古气象灾害综合危险性 4 个等级的级别含义和颜色 CMYK 值见表 3.10.1,在 GIS 平台上进行风险分区制图,得到内蒙古自治区气象灾害综合危险性等级图。

表 3.10.1 内蒙古气象灾害综合危险性分区等级、级别含义和颜色

风险级别	级别含义	颜色	色值(CMYK 值)
1 级	高	红色	100,70,40,0
2 级	较高	橙色	70,50,10,0
3 级	较低	黄色	55,30,10,0
4 级	低	绿色	20,10,5,0

第 4 章

致灾风险性分析与评估

4.1 暴雨 ▶▶▶

4.1.1 致灾因子特征分析

本节主要分析内蒙古多年平均月降水量、多年雨季降水量、年暴雨日数和频次、年最大日降水量、年最大小时降水量,以及暴雨过程和致灾因子特征、主要暴雨灾害历史灾情等。通过对内蒙古暴雨致灾危险性调查数据的特征分析,了解暴雨的发生频次、强度,为进一步的危险性评估提供研究基础。

4.1.1.1 历史特征分析

1. 多年平均月降水量

图 4.1.1 为 1978—2020 年内蒙古多年平均月降水量。从图中可以看出,内蒙古降水集中在夏季 6—8 月,其中 7 月降水量最大,为 88.5 mm,其次是 8 月,月降水量为 68.8 mm,6 月降水量为 54.0 mm。

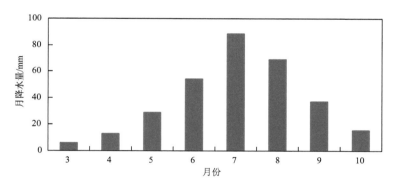

图 4.1.1 1978—2020 年内蒙古多年平均月降水量

2. 多年雨季降水量

1978—2020 年内蒙古雨季(6—9 月)降水量介于 184.0 mm(2007 年)和 342.0 mm(1998 年)之间。43 年间内蒙古雨季降水量整体呈略减少的变化趋势,平均每 10 a 减少 3.9 mm(图 4.1.2)。

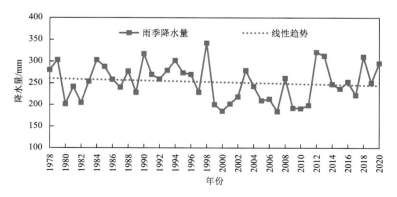

图 4.1.2 1978—2020 年内蒙古历年雨季(6—9 月)降水量

图 4.1.3 为 1978—2020 年内蒙古雨季(6—9 月)各月降水量最大值。从图中可以看出,内蒙古雨季的月降水最大值出现在 8 月,达 476.3 mm,其次是 7 月,最大值为 431.6 mm;6 月和 9 月的月降水量最大值也较大,分别可达 301.4 mm 和 262.9 mm,均在 250 mm 以上。

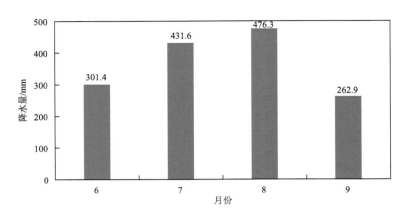

图 4.1.3　1978—2020 年内蒙古雨季(6—9 月)的月最大降水量

3. 年暴雨日数

图 4.1.4 为 1978—2020 年内蒙古年累计暴雨日数变化。从图中可以看出,1978—2020 年内蒙古年暴雨日数介于 15 站日(2010 年)和 112 d(1998 年)之间。43 年间内蒙古年暴雨日数呈略减少趋势,平均每 10 a 减少 0.4 d。

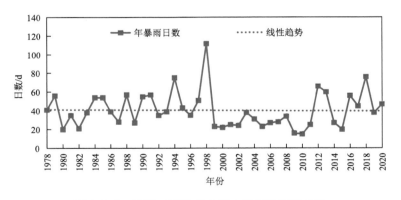

图 4.1.4　1978—2020 年内蒙古年累计暴雨日数

从 1978—2020 年内蒙古累计暴雨日数空间分布可以看出(图 4.1.5),内蒙古暴雨日数呈由西北向东南递增的分布特征,即内蒙古东南部地区为暴雨多发区,累计暴雨日数最大区域主要位于呼伦贝市东南部和兴安盟东北部,累计暴雨日数超过 35 d;呼伦贝尔市东部、兴安盟东部、通辽市南部和赤峰市南部等地区为暴雨次多发区,累计暴雨日数在 25~35 d;暴雨发生最少区域主要位于阿拉善盟、巴彦淖尔市西部以及锡林郭勒西北部地区,累计暴雨日数不足 5 d。

4. 年最大日降水量

图 4.1.6 为 1978—2020 年内蒙古年最大日降水量变化。从图中可以看出,内蒙古年最大日降水量在 81.4 mm(2010 年)和 349.7 mm(2017 年)之间变化,整体略呈增加趋势,平均每 10 a 增加 7 mm。年最大日降水量发生在 2017 年 8 月 3 日(青龙山站)。

1978—2020 年内蒙古年最大日降水量空间分布趋势为西部少东南多。年最大日降水量的较高区域

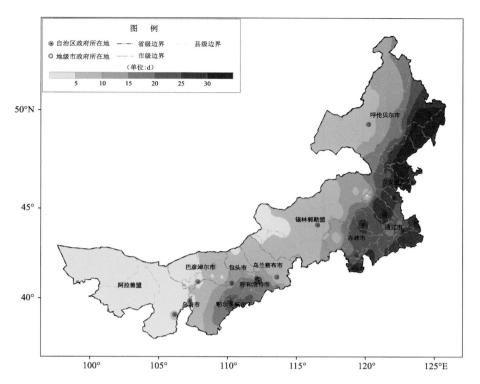

图 4.1.5　1978—2020 年内蒙古累计暴雨日数空间分布

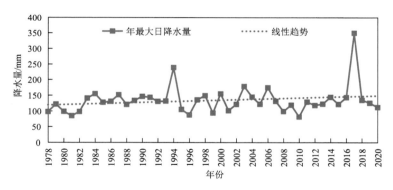

图 4.1.6　1978—2020 年内蒙古年最大日降水量

主要位于呼伦贝尔市东部、兴安盟、通辽市、赤峰市、乌兰察布市西南部、呼和浩特市中部和鄂尔多斯市东部等地区,其中最大值位于通辽市南部,年最大日降水量达 180 mm 以上;年最大日降水量的最小区域主要位于内蒙古西部的阿拉善盟,年最大日降水量不足 80 mm(图 4.1.7)。

5. 年最大小时降水量

图 4.1.8 为 1978—2020 年内蒙古年最大小时降水量变化。从图中可以看出,内蒙古年最大小时降水量在 42.4 mm(2010 年)和 127.6 mm(1994 年)之间变化,整体呈略减少趋势,平均每 10 a 减少 3 mm。年最大小时降水量发生在 1994 年 7 月 13 日 20 时(科尔沁左翼后旗站)。

1978—2020 年内蒙古年最大小时降水量空间分布趋势为西北少东南多。年最大小时降水量的最大区域主要位于呼伦贝尔市东南部、通辽市南部、呼和浩特市中部等地区,年最大小时降水量达 100 mm 以上;年最大小时降水量的最小区域主要位于阿拉善盟西北部,年最大小时降水量不足 25 mm(图 4.1.9)。

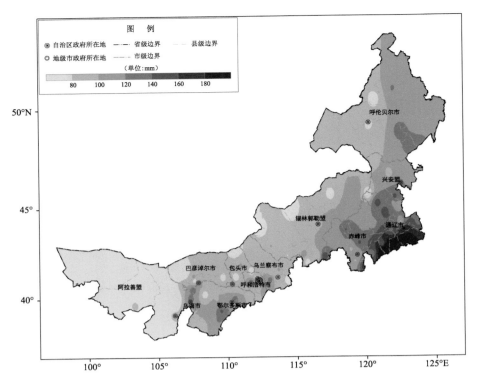

图 4.1.7　1978—2020 年内蒙古年最大日降水量空间分布

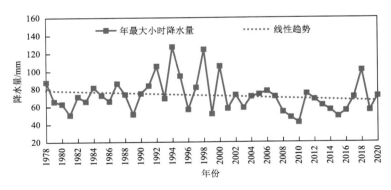

图 4.1.8　1978—2020 年内蒙古年最大小时降水量

4.1.1.2　暴雨过程和致灾因子特征分析

1.暴雨过程概述

1978—2020 年内蒙古共发生单站暴雨过程 1700 站次,暴雨过程的持续时间为 1～3 d,持续时间为 1 d 的暴雨过程最多,为 1663 站次,占总站次的 97.8%;其次是 2 d,为 31 站次;3 d 最少,仅为 6 站次,分别为 1980 年 7 月 14—16 日(小二沟站)、1983 年 8 月 27—29 日(巴雅尔吐胡硕站)、1993 年 7 月 27—29 日(突泉站)、1998 年 8 月 9—11 日(阿荣旗站)、2013 年 6 月 30 日—7 月 2 日(扎鲁特旗站)和 2017 年 7 月 5—7 日(宁城站)。过程累积降水量和平均降水量的最大值均为 349.7 mm,发生在 2017 年 8 月 3 日。过程最大 1 h 降水量为 106.0 mm,发生在 2000 年 8 月 12 日;过程最大 3 h 降水量为 157.7 mm、最大 6 h 降水量为 248.0 mm、最大 12 h 降水量为 324.4 mm,均发生在 2017 年 8 月 3 日。

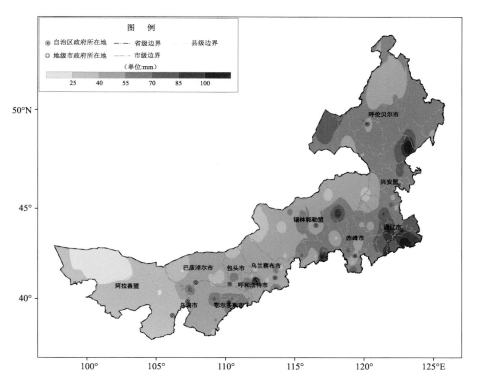

图 4.1.9　1978—2020 年内蒙古年最大小时降水量空间分布

2. 暴雨过程频次

图 4.1.10 为 1978—2020 年内蒙古年累计暴雨过程频次变化。从图中可知,内蒙古年累计暴雨过程站次在 15 站次(2010 年)和 107 站次(1998 年)之间变化,整体呈略减少趋势,平均每 10 a 减少 0.3 站次。从月尺度上看(图 4.1.11),内蒙古暴雨过程在 4—10 月均有发生,且主要集中在 6—9 月,7 月累计暴雨过程频次最多,为 834 站次,约占总站次的 49%,其次是 8 月,为 525 站次,约占总站次的 31%,6 月和 9 月也较多,分别为 212 站次和 81 站次,分别占总站次的 12% 和 5%。

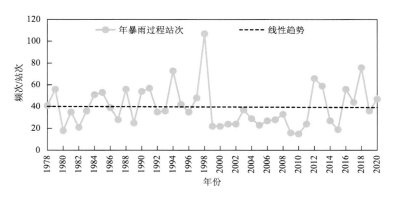

图 4.1.10　1978—2020 年内蒙古年累计暴雨过程频次

1978—2020 年内蒙古累计暴雨过程频次空间分布趋势为西少东多。累计暴雨过程频次的最大区域主要位于呼伦贝尔市东南部、兴安盟东北部和赤峰市南部等地区,累计暴雨过程频次达 30 站次以上;累计暴雨过程频次的最小区域主要位于阿拉善盟、巴彦淖尔市西部和锡林郭勒盟西北部等地区,累计暴雨过程频次不足 5 站次(图 4.1.12)。

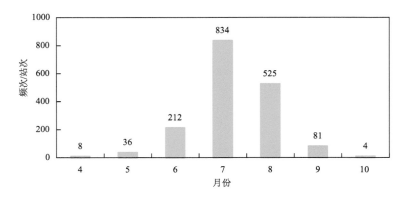

图 4.1.11　1978—2020 年内蒙古月累计暴雨过程频次

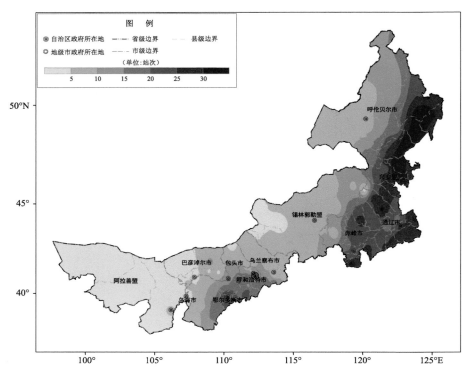

图 4.1.12　1978—2020 年内蒙古累计暴雨过程频次空间分布

3.过程最大累积降水量

图 4.1.13 为 1978—2020 年内蒙古历年暴雨过程的最大累积降水量变化。从图中可知,内蒙古暴雨过程的最大累积降水量在 81.4 mm(2010 年)和 349.7 mm(2017 年)之间变化,整体呈略增加趋势,平均每 10 a 增加 5 mm。从月尺度上看(图 4.1.14),内蒙古暴雨过程的最大累积降水量主要集中在 6—9 月,8 月暴雨过程的最大累积降水量最大,为 349.7 mm,其次是 7 月,过程的最大累积降水量为 260.6 mm,6 月和 9 月也较大,分别为 150.9 mm 和 133.9 mm。

1978—2020 年内蒙古暴雨过程最大累积降水量呈西部少东南部多的空间分布特征。暴雨过程最大累积降水量的最大区域主要位于呼伦贝尔市东南部以及通辽市中部偏北和南部等地区,过程最大累积降水量达 200 mm 以上;过程最大累积降水量的最小区域主要位于阿拉善盟大部、巴彦淖尔市西北部等地区,过程最大累积降水量不足 50 mm(图 4.1.15)。

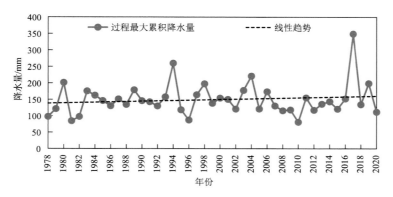

图 4.1.13　1978—2020 年内蒙古历年暴雨过程最大累积降水量

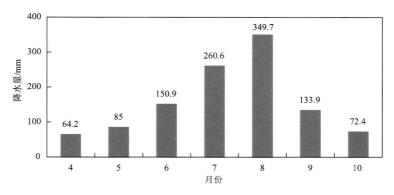

图 4.1.14　1978—2020 年内蒙古各月暴雨过程最大累积降水量

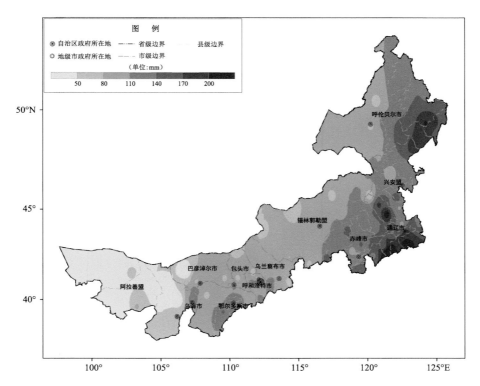

图 4.1.15　1978—2020 年内蒙古暴雨过程最大累积降水量空间分布

4.1.1.3 暴雨灾害历史灾情

由部分收集到的 1978—2020 年内蒙古暴雨灾害历史灾情数据可知（表 4.1.1），暴雨灾害影响的承灾体类型主要有农业、牲畜，以及内涝和暴雨导致的房屋倒塌、损坏等。

表 4.1.1　1978—2020 年内蒙古部分暴雨灾害历史灾情

序号	开始时间	结束时间	灾情描述
1	1991 年 7 月 19 日	1991 年 7 月 19 日	呼伦贝尔市鄂伦春自治旗 10 个乡（镇）受灾，造成 3.6 万人受灾，农作物受灾面积 20800 hm²，成灾面积 16667 hm²，绝收面积 16667 hm²，农业经济损失 2.4 亿元，直接经济损失 7.2 亿元
2	1994 年 5 月 3 日	1994 年 5 月 3 日	赤峰市元宝山区的平庄镇、美丽河镇、风水沟镇、元宝山镇、五家镇、小五家乡等 10 个乡（镇）遭受多年未遇的洪涝灾害，造成 11606 户 4.59 万人受灾，倒塌和损坏民房 2437 间，倒塌房屋 632 间，受灾面积 50300 亩，成灾面积 48000 亩，绝收面积 16970 亩，绝大部分水利工程和农电、通信线路被毁坏，直接经济损失 32.3946 亿元
3	1998 年 7 月 7 日	1998 年 8 月 9 日	呼伦贝尔市扎兰屯市发生暴雨灾害，造成山洪暴发、河水出槽、水库垮坝、村镇和农田被淹，直接经济损失 48.4 亿元，农区受灾最严重。据不完全统计，农作物受灾面积 78.1 万 hm²，成灾面积 58.5 万 hm²，绝收面积 47.1 万 hm²，毁坏耕地面积 8.9 万 hm²，损失粮食 2.1 亿千克，死亡牲畜 1.8 万头（只）。灾害造成的农业直接经济损失 27.3 亿元
4	1998 年 7 月 27 日	1998 年 7 月 28 日	呼伦贝尔市阿荣旗 19 个乡（镇）受灾，其中有 16 个乡（镇）通信中断，被水围困人口 6.2 万人，紧急转移灾民 5.7 万人。179 个行政村 25.21 万人不同程度遭受洪涝灾害，其中重灾乡（镇）14 个（民族乡 4 个）、村 76 个，冲毁中小型路桥 162 座（其中中桥 7 座），涵洞 497 道，过水路面 27 处，路段 300 多处，路基 517 km。倒塌房屋 8199 户 20500 间，倒塌校舍 22 个，企业库房、机电设备、原料、产品等直接经济损失 1658 万元，农作物受灾面积 240 万亩，绝产面积 55 万亩，灭失耕地面积 23 万亩，死亡大小畜 27100 多头，死于洪水 14 人，直接经济损失 15 亿元
5	2004 年 7 月 7 日	2004 年 7 月 7 日	赤峰市巴林右旗暴雨洪涝成灾，受灾人口 1.1678 万人，成灾人口 0.6245 万人，农牧业损失 56712.58 万元，直接经济损失达 64877.48 万元
6	2008 年 6 月 21 日	2008 年 6 月 29 日	通辽市扎鲁特旗发生暴雨洪涝灾害，造成 26067 户 68141 人不同程度受灾。房屋进水 1395 户 3544 间，倒塌房屋 62 户 164 间，造成危房 419 户 1275 间，倒塌院墙 23350 延长米，浸泡粮食 288645 kg，冲毁农用物资 123 件（台）。受灾农田面积 108.5 万亩，绝收面积 21.13 万亩，减产面积 87.37 万亩，成林受灾面积 2820 亩，幼林受灾面积 4882.5 亩。受灾草牧场面积 149454 亩，大畜死亡 0.0073 万头。冲毁网围栏 94400 m，冲毁塘坝、灌渠等水利设施 5130 延长米，损坏机电井 251 眼，毁坏公路 125 km，桥涵 6 座，损毁电力线杆 20 根、电线 300 m。有 2 人遭雷击死亡。直接经济损失 2 亿元，间接经济损失 3.5 亿元
7	2012 年 6 月 26 日	2012 年 6 月 29 日	巴彦淖尔市五原县 7 个乡（镇）131 个村 783 个社，以及建丰农场、东土城劳教所 169779 人受灾，需要救助 38906 人。农作物受灾面积 133334 hm²，成灾面积 114933 hm²，绝收面积 33330 hm²，572 只羊死亡，损毁大棚 6 座，圈舍 20 座，桥涵口闸等基础设施 81 处，倒塌房屋 45 户（88 间），损坏房屋 2469 间，紧急转移安置 2324 人。主要受灾农作物小麦严重倒伏，玉米、番茄、蜜瓜、晚葵花小菜籽大部分被水淹。全县直接经济损失 127992 万元，其中农业损失 111600 万元，家庭财产损失 2325 万元，基础设施损失 14067 万元
8	2012 年 6 月 26 日	2012 年 6 月 27 日	巴彦淖尔市杭锦后旗出现历史罕见的连续性强降雨，沿山乡（镇）出现百年不遇的洪涝灾害。灾害造成全旗 8 个镇 107 个村 1041 个村民小组 167200 人、50063 户受灾。农田积水，大面积农作物倒伏、浸泡在水中，农作物受灾面积 70400 hm²。成灾面积 54808.6 hm²，绝收面积 13268.93 hm²，直接经济损失达 113913.12 万元

续表

序号	开始时间	结束时间	灾情描述
9	2018 年 7 月 22 日	2018 年 7 月 24 日	巴彦淖尔市乌拉特前旗大佘太镇、新安镇、小佘太镇、明安镇等受灾严重。经核查统计，降水导致 111.5 万亩农田受灾，47.08 万亩绝收，直接经济损失 108600 万元；3540 只（头）牲畜死亡，直接经济损失 355.72 万元；1260 间房屋受损，直接经济损失 1369.6 万元；农户其他损失 804.09 万元；117 条各级道路受损，直接经济损失 12553 万元；38 条线路跳闸，倾斜、冲毁电杆 136 基，变压器冲毁倾倒 9 台，直接经济损失 110 万元；基站和通信设备设施受损，直接经济损失 550 万元；23 眼机电井、111 眼水源井、7.6 km 灌溉渠道、26.01 km 排水沟道、1029 处黄河堤防雨淋沟、461 处堤防排水设施受损，直接经济损失 1132 万元。累计造成经济损失 12.55 亿元
10	2020 年 8 月 2 日	2020 年 8 月 2 日	兴安盟突泉县遭受洪涝灾害，致使宝石镇、学田乡、六户镇、九龙乡、突泉镇、永安镇、杜尔基镇共 7 个乡（镇）81 个村受灾。受灾人口 28955 人，损毁房屋 7 户 14 间，受灾农作物为玉米、高粱、豆类等，受灾面积 15460.7 hm²，成灾面积 1244.47 hm²，绝收面积 50 hm²，灾害损失总共 2307.52 万元

4.1.2 致灾危险性评估

　　基于内蒙古暴雨灾害致灾危险性评估指数，绘制内蒙古自治区暴雨致灾危险性区划图（图 4.1.16）。可以看出，内蒙古暴雨致灾危险性总体呈由西北向东南增大的分布特征，这一分布特征与全区年雨涝指数分布特征相一致。暴雨灾害危险性高等级区主要位于呼伦贝尔市东南部、兴安盟东北部、通辽市北部和南部、赤峰市东北部和南部、包头市东南部、呼和浩特市中部、鄂尔多斯市东北部地区的主要河道附近，低等

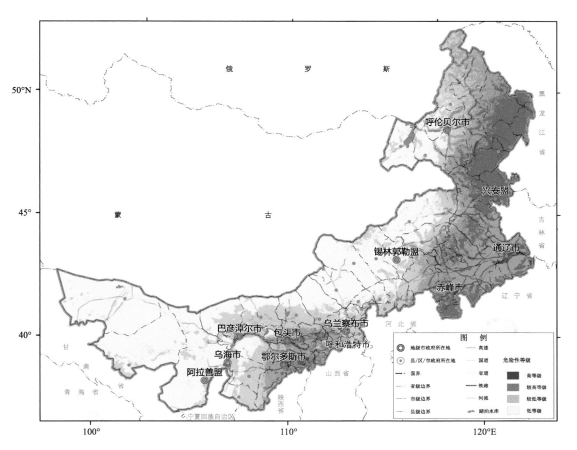

图 4.1.16 内蒙古自治区暴雨灾害致灾危险性等级区划

级区主要位于阿拉善盟、巴彦淖尔市北部、包头市北部、乌兰察布市北部、锡林郭勒盟大部、呼伦贝尔市西部等地区。

4.2 干旱

4.2.1 致灾因子特征分析

1.干旱发生频次

从干旱过程频次特征来看（图4.2.1），内蒙古自治区1961—2020年共出现干旱过程87次，平均每年出现1～2次干旱过程。1999年和2005年干旱过程次数最多，达4次，共计12年未出现区域性干旱过程（1970年、1973年、1976年、1977年、1979年、1989年、1990年、1991年、1992年、1998年、2007年、2012年）。

2.干旱过程强度

从干旱过程强度特征来看（图4.2.2），干旱过程强度等级以一般干旱过程为主，共发生45次，占总次数的52%；较强、强、特强干旱过程分别发生25次、11次、6次，分别占总次数的29%、12%、7%。干旱过程平均发生频率为1.5次·年$^{-1}$，一般干旱过程0.8次·年$^{-1}$、较强干旱过程0.4次·年$^{-1}$、强干旱过程0.2次·年$^{-1}$、特强干旱过程0.1次·年$^{-1}$。

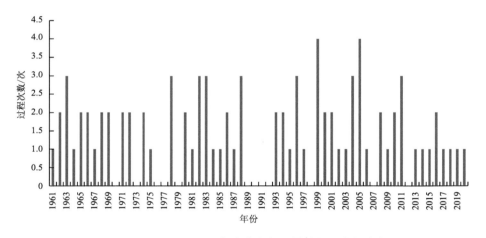

图 4.2.1　1961—2020 年内蒙古年干旱过程总次数变化

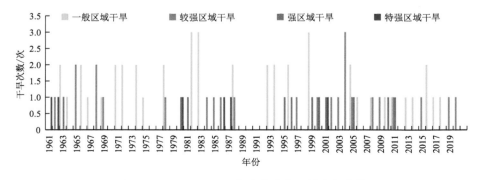

图 4.2.2　1961—2020 年内蒙古年干旱次数变化

3. 干旱持续时间

从干旱过程发生时间特征来看(图 4.2.3),干旱过程持续天数在 14~96 d(1987 年),干旱主要发生在 4—9 月,其中 5 月、6 月、7 月出现干旱的概率相对较高,分别为 24%、23%、21%。干旱过程主要以春旱和夏旱为主,1961—2020 年分别发生 25 次和 36 次,春夏连旱发生 18 次,夏秋连旱发生 7 次,秋旱仅发生 1 次,可见夏旱出现概率最高,达 41%,其次为春旱 29%。

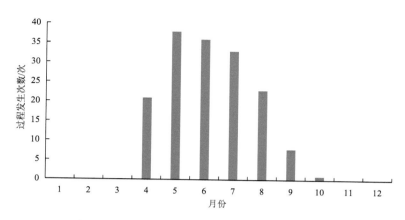

图 4.2.3　1961—2020 年内蒙古干旱过程月变化

4. 干旱影响范围

从干旱过程影响范围特征来看(图 4.2.4),过程影响站点比例在 19.5%(1964 年)和 81.4%(1987 年)之间,影响站点比例呈减少趋势。共有 5 a(1962 年、1978 年、1986 年、1987 年、2001 年)发生全区大范围干旱,影响站点比例超过 60%,其余年份主要以中西部干旱为主。

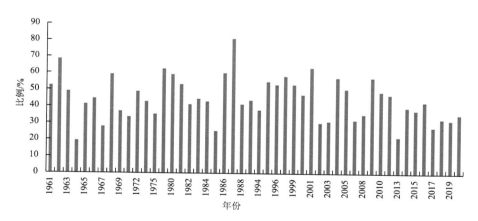

图 4.2.4　1961—2020 年内蒙古干旱过程影响站点比例变化

4.2.2　致灾危险性评估

内蒙古干旱致灾因子危险性等级区划如图 4.2.5 所示,危险性由东向西递增。阿拉善盟大部、乌海市、巴彦淖尔市西部、鄂尔多斯市西北部地区干旱危险性为高等级,巴彦淖尔市大部、鄂尔多斯市西部、包头市北部、乌兰察布市北部、锡林郭勒盟西部及中部部分地区、呼伦贝尔市西部、赤峰市东部、通辽市南部、兴安盟东部干旱危险性为较高等级,其余地区为低或较低风险等级。

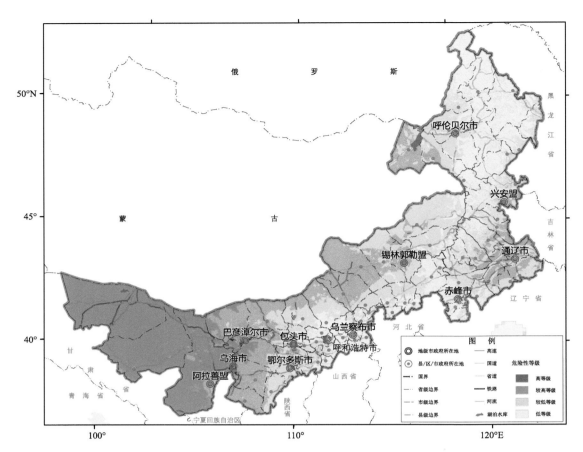

图 4.2.5　内蒙古自治区干旱灾害致灾危险性等级区划

4.3　大风

4.3.1　致灾因子特征分析

1.大风日数空间分布

利用内蒙古自治区 119 个国家级气象站 1978—2020 年历年大风日数数据,采用插值方法得到内蒙古自治区大风日数空间分布图。内蒙古自治区历年大风日数中部多,自中部向西部和东部逐渐减少(图 4.3.1),其中西部偏北、中部偏北和东南部偏北地区出现日数最多,平均每年大风日数超过 60.0 d,东北部相对较少,平均每年大风日数少于 3.0 d。

2.极大风速空间分布

利用内蒙古自治区 119 个国家级气象站 1978—2020 年历年大风日极大风风速数据,采用插值方法得到内蒙古自治区大风极大风速空间分布图。内蒙古自治区历年大风极大风速空间分布和大风日数分布较为相似,西部偏北和中部极大风速较大,自中部向西部和东部、自北向南风速降低(图 4.3.2),其中以内蒙古西部偏北极大风速最大,极大风速超过 30.0 m·s^{-1},内蒙古东北部、西中部偏南地区相对较小,极大风速约为 20.0 m·s^{-1}。

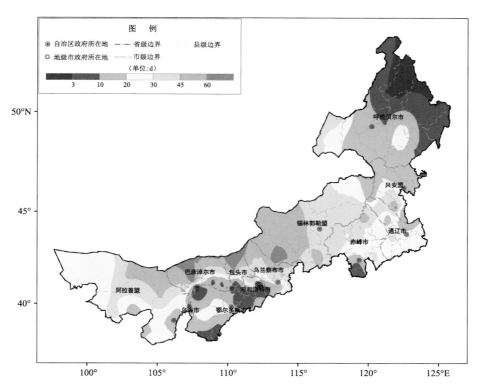

图 4.3.1 1978—2020 年内蒙古平均大风日数空间分布

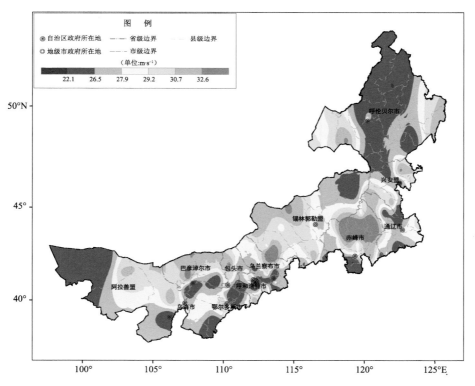

图 4.3.2 1978—2020 年内蒙古极大风速空间分布

4.3.2　致灾危险性评估

从内蒙古自治区大风灾害危险性等级分布来看(图 4.3.3),大风灾害危险性等级分布情况和大风事件发生的强度和频次基本一致,在内蒙古西部和中部地区呈现出自北向南危险性等级逐渐降低的趋势,在内蒙古东部地区呈现出自西向东危险性逐渐降低的趋势。大风灾害危险性较高和高等级主要分布在阿拉善盟、巴彦淖尔市、鄂尔多斯市北部、包头市北部、呼和浩特市、乌兰察布市北部、锡林郭勒盟、赤峰市西部、通辽市北部、呼伦贝尔市西部地区。

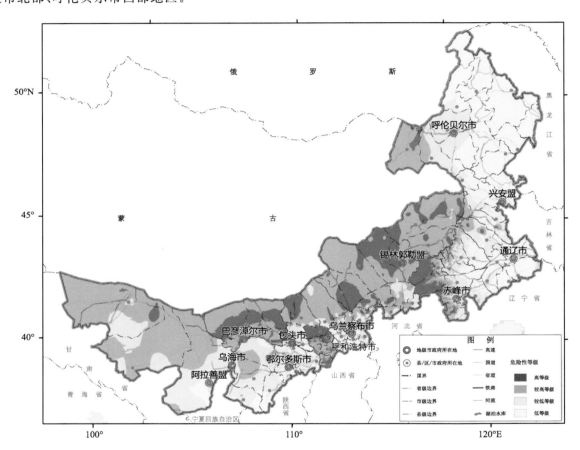

图 4.3.3　内蒙古自治区大风灾害致灾危险性等级区划

4.4　冰雹 ⟫⟫⟫⟫

4.4.1　致灾因子特征分析

根据《内蒙古冰雹灾害调查与风险评估技术细则》,基于内蒙古自治区范围内 12 个盟(市)103 个旗(县)上报的国家级地面气象观测站 1978—2020 年冰雹数据,收集到来自 12 个盟(市)103 个旗(县)共计12326 条致灾危险性因子数据,统计各盟(市)致灾危险性因子数据情况。基于致灾因子数据完成了内蒙古冰雹分布特征分析制图,包括内蒙古自治区 1978—2022 年、1981—1990 年、1991—2000 年、2001—2010 年、2011—2020 年雹日空间分布图,以及最大冰雹直径空间分布图和冰雹最长持续时间空间分布图,对内蒙古冰雹空间分布特征进行了分析总结。

各盟(市)致灾危险性因子数据情况见表 4.4.1～表 4.4.12)。12 个盟(市)中赤峰市冰雹致灾因子数据最多,共计 1726 条,其次是乌兰察布市 1646 条,巴彦淖尔市 1643 条;103 个旗(县)中赤峰市松山区冰雹致灾因子数据最多,为 416 条,巴彦淖尔市乌拉特前旗次之,为 412 条,巴彦淖尔市杭锦后旗致灾因子数据数量排名第三,为 387 条。

表 4.4.1　呼和浩特市致灾危险性因子数据统计表

地区	数量/条
呼和浩特市	779
新城区	111
回民区	20
玉泉区	3
赛罕区	67
土默特左旗	127
托克托县	62
和林格尔县	55
清水河县	98
武川县	236

表 4.4.2　包头市致灾危险性因子数据统计表

地区	数量/条
包头市	695
东河区	15
昆都仑区	8
青山区	81
石拐区	8
白云鄂博矿区	103
九原区	13
土默特右旗	123
固阳县	104
达尔罕茂明安联合旗	240

表 4.4.3　乌海市致灾危险性因子数据统计表

地区	数量/条
乌海市	36
海勃湾区	25
海南区	9
乌达区	2

表 4.4.4　赤峰市致灾危险性因子数据统计表

地区	数量/条
赤峰市	1726
红山区	5
元宝山区	71
松山区	416
阿鲁科尔沁旗	61
巴林左旗	103
巴林右旗	60
林西县	87
克什克腾旗	212
翁牛特旗	184
喀喇沁旗	160
宁城县	197
敖汉旗	170

表 4.4.5　通辽市致灾危险性因子数据统计表

地区	数量/条
通辽市	1002
科尔沁区	61
科尔沁左翼中旗	96
科尔沁左翼后旗	95
开鲁县	90
库伦旗	139
奈曼旗	292
扎鲁特旗	149
霍林郭勒市	80

表 4.4.6　鄂尔多斯市致灾危险性因子数据统计表

地区	数量/条
鄂尔多斯市	1172
东胜区	137
康巴什区	7
达拉特旗	183
准格尔旗	172
鄂托克前旗	163
鄂托克旗	84
杭锦旗	118
乌审旗	210
伊金霍洛旗	98

表 4.4.7　呼伦贝尔市致灾危险性因子数据统计表

地区	数量/条
呼伦贝尔市	1200
海拉尔区	48
扎赉诺尔区	1
阿荣旗	85
莫力达瓦达斡尔族自治旗	137
鄂伦春自治旗	130
鄂温克族自治旗	55
陈巴尔虎旗	88
新巴尔虎左旗	55
新巴尔虎右旗	36
满洲里市	43
牙克石市	236
扎兰屯市	130
额尔古纳市	61
根河市	95

表 4.4.8　巴彦淖尔市致灾危险性因子数据统计表

地区	数量/条
巴彦淖尔市	1643
临河区	296
五原县	189
磴口县	100
乌拉特前旗	412
乌拉特中旗	154
乌拉特后旗	105
杭锦后旗	387

表 4.4.9　乌兰察布市致灾危险性因子数据统计表

地区	数量/条
乌兰察布市	1646
集宁区	156
卓资县	146
化德县	143
商都县	113
兴和县	195
凉城县	99
察哈尔右翼前旗	138
察哈尔右翼中旗	238
察哈尔右翼后旗	162
四子王旗	162
丰镇市	94

表 4.4.10   兴安盟致灾危险性因子数据统计表

地区	数量/条
兴安盟	842
乌兰浩特市	81
阿尔山市	149
科尔沁右翼前旗	185
科尔沁右翼中旗	189
扎赉特旗	98
突泉县	140

表 4.4.11   锡林郭勒盟致灾危险性因子数据统计表

地区	数量/条
锡林郭勒盟	1391
二连浩特市	42
锡林浩特市	66
阿巴嘎旗	169
苏尼特左旗	42
苏尼特右旗	116
东乌珠穆沁旗	129
西乌珠穆沁旗	72
太仆寺旗	224
镶黄旗	74
正镶白旗	107
正蓝旗	166
多伦县	184

表 4.4.12   阿拉善盟致灾危险性因子数据统计表

单位	数量/条
阿拉善盟	194
阿拉善左旗	142
阿拉善右旗	21
额济纳旗	31

4.4.1.1   降雹日数分析

1978—2020 年冰雹日数空间分布整体呈中部多,东部次之,西部最少的态势(图 4.4.1)。1978—2020 年冰雹日数在 1～200 d。西部偏西地区大部分站点冰雹日数小于 27 d,西部偏东、中部大部、东部偏北地区大部分站点冰雹日数为 21～200 d,东部偏南地区大部分站点冰雹日数在 7～56 d。

1978—1990 年冰雹日数空间分布整体呈中部多,东部次之,西部最少的态势(图 4.4.2)。1978—1990 年冰雹日数在 1～92 d。西部偏西地区大部分站点冰雹日数小于 18 d,西部偏东、中部大部、东部偏北地区大部分站点冰雹日数为 18～92 d,东部偏南地区大部分站点冰雹日数小于 29 d。

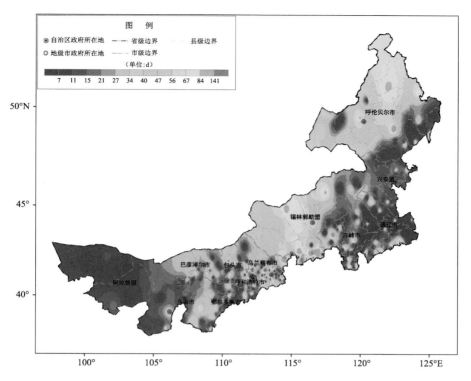

图 4.4.1　1978—2020 年内蒙古雹日空间分布

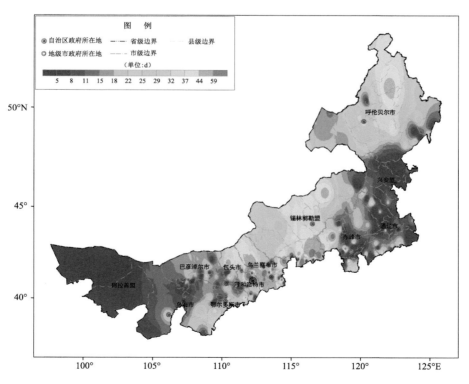

图 4.4.2　1978—1990 年内蒙古雹日空间分布

　　1991—2000 年冰雹日数空间分布同样呈中部最多,东部次之,西部最少的态势(图 4.4.3)。1991—2000 年冰雹日数在 1~49 d。西部偏西地区大部分站点冰雹日数小于 10 d,西部偏东、中部大部、东部偏北地区大部分站点冰雹日数为 10~49 d,东部东南地区大部分站点冰雹日数小于 16 d。

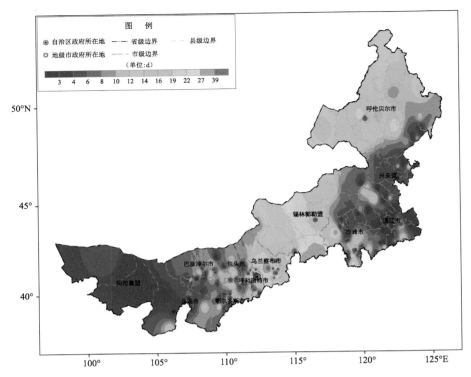

图 4.4.3 1991—2000 年内蒙古雹日空间分布

2001—2010 年冰雹日数空间分布呈中部和东部偏北最多,东部偏南次之,西部最少的态势(图 4.4.4)。1991—2000 年冰雹日数在 1～30 d。西部偏西地区大部分站点冰雹日数小于 6 d,西部偏东、中部大部、东部偏北地区大部分站点冰雹日数为 6～30 d,东部东南地区大部分站点冰雹日数小于 14 d。

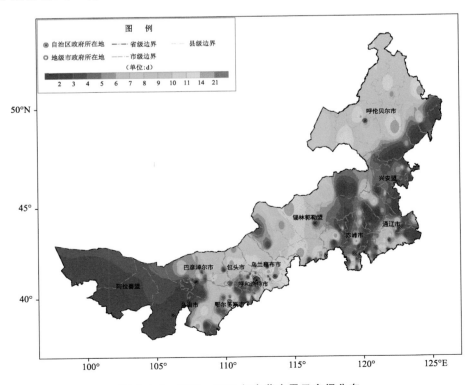

图 4.4.4 2001—2010 年内蒙古雹日空间分布

2011—2020 年冰雹日数空间分布呈中部和东部偏北最多,东部偏南次之,西部最少的态势(图 4.4.5)。1991—2000 年冰雹日数在 1～46 d。西部偏西地区大部分站点冰雹日数小于 8 d,西部偏东、中部大部、东部偏北地区大部分站点冰雹日数为 8～46 d,东部东南地区大部分站点冰雹日数小于 21 d。

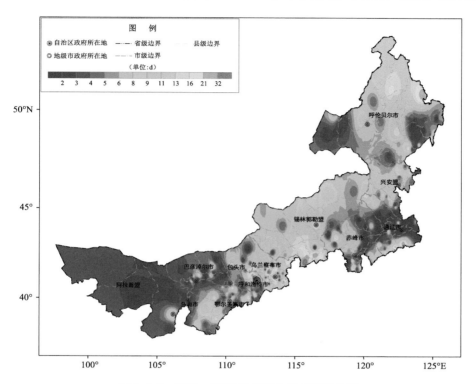

图 4.4.5　2011—2020 年内蒙古雹日空间分布

4.4.1.2　最大直径分析

1978—2020 年最大冰雹直径空间分布整体呈西部偏南、中部偏东和东部偏南较大,东部偏北次之,其余地方较小的态势(图 4.4.6)。1978—2020 年冰雹最大直径在 1～80 mm。西部偏西和中部偏西地区大部分站点最大冰雹直径小于 29 mm,西部偏南、中部偏东和东部偏南地区大部分站点最大冰雹直径为 33～80 mm,东部偏北地区大部分站点最大冰雹直径小于 45 mm。

1978—1990 年最大冰雹直径空间分布整体呈西部偏南、中部偏东和东部偏南较大,东部偏北次之,其余地方较小的态势(图 4.4.7)。1978—1990 年最大冰雹直径在 2～80 mm。西部偏西和中部偏西地区大部分站点最大冰雹直径小于 23 mm,西部偏南、中部偏东和东部偏南地区大部分站点最大冰雹直径为 29～80 mm,东部偏北地区大部分站点最大冰雹直径小于 42 mm。

1991—2000 年最大冰雹直径空间分布整体呈西部偏东、中部偏东和东部偏南较大,东部偏北次之,其余地方较小的态势(图 4.4.8)。1991—2000 年最大冰雹直径在 1～70 mm。西部偏西和中部偏西地区大部分站点最大冰雹直径小于 22 mm,西部偏东、中部偏东和东部偏南地区大部分站点最大冰雹直径为 22～70 mm,东部偏北地区大部分站点最大冰雹直径小于 36 mm。

2001—2010 年最大冰雹直径空间分布整体呈西部偏东、中部偏东南和东部偏南较大,东部偏北次之,其余地方较小的态势(图 4.4.9)。2001—2010 年最大冰雹直径在 1～80 mm。西部偏西和中部偏西地区大部分站点最大冰雹直径小于 18 mm,西部偏东、中部偏东和东部偏南地区大部分站点最大冰雹直径为

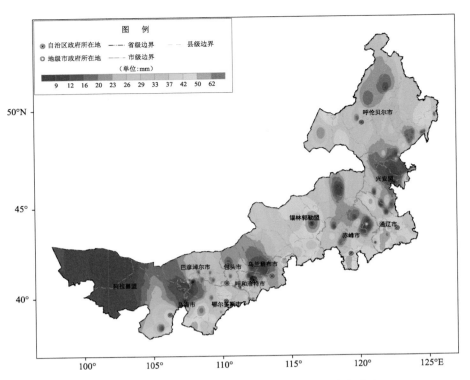

图 4.4.6　1978—2020 年内蒙古最大冰雹直径空间分布

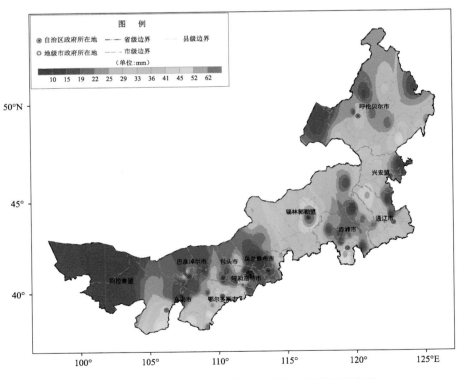

图 4.4.7　1978—1990 年内蒙古冰雹最大直径空间分布

18～80 mm,东部偏北地区大部分站点最大冰雹直径小于 34 mm。

2011—2020 年最大冰雹直径空间分布整体呈西部偏南、中部偏东和东部地区较大,其余地方较小的态势(图 4.4.10)。2011—2020 年最大冰雹直径在 1～70 mm。西部偏西和中部偏西地区大部分站点最大冰雹直径小于 17 mm,西部偏南、中部偏东和东部地区大部分站点最大冰雹直径在 17～70 mm。

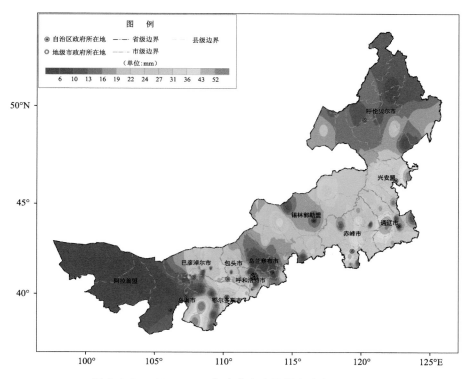

图 4.4.8　1991—2000 年内蒙古冰雹最大直径空间分布

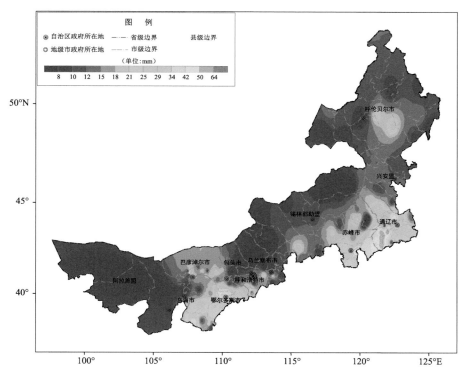

图 4.4.9　2001—2010 年内蒙古冰雹最大直径空间分布

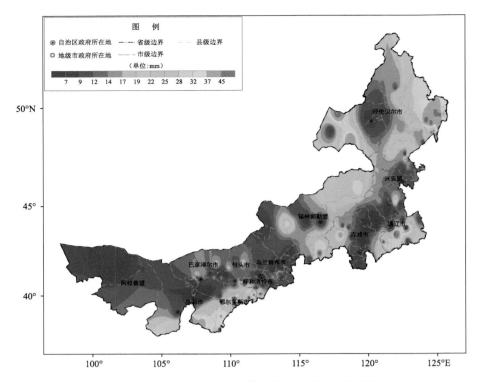

图 4.4.10　2011—2020 年内蒙古最大冰雹直径空间分布

4.4.1.3　最长持续时间分析

1978—2020 年冰雹最长持续时间空间分布整体呈东部偏东南部最长,西部偏东、中部大部和东北部次之,西部偏西最短的态势(图 4.4.11)。1978—2020 年冰雹最长持续时间在 1～228 min。西部偏西地区大部分站点冰雹最长持续时间小于 31 min,西部偏东、中部大部和东北部地区大部分站点冰雹最长持续时间小于 76 min,东部偏东南地区部分站点冰雹最长持续时间在 76～228 min。

1978—1990 年冰雹最长持续时间空间分布整体呈东部偏东南部最长,西部偏东、中部大部和东北部次之,西部偏西最短的态势(图 4.4.12)。1978—1990 年冰雹最长持续时间在 1～221 min。西部偏西地区大部分站点冰雹最长持续时间小于 30 min,西部偏东、中部大部和东北部地区大部分站点冰雹最长持续时间小于 78 min,东部偏东南地区部分站点冰雹最长持续时间在 78～221 min。

1991—2000 年冰雹最长持续时间空间分布整体呈西部偏东、中东部大部较长,西部偏西较短的态势(图 4.4.13)。1991—2000 年冰雹最长持续时间在 1～63 min。西部偏西地区大部分站点冰雹最长持续时间小于 18 min,西部偏东、中东部大部地区大部分站点冰雹最长持续时间在 18～63 min。

2001—2010 年冰雹最长持续时间空间分布整体呈西部偏东、中部大部和东南部大部较长,西部偏西和东北部较短的态势(图 4.4.14)。2001—2010 年冰雹最长持续时间在 1～63 min。西部偏西和东北部地区大部分站点冰雹最长持续时间小于 17 min,西部偏东、中部大部和东南部大部地区站点冰雹最长持续时间在 17～63 min。

2011—2020 年冰雹最长持续时间空间分布整体呈东部偏东南部最长,西部偏东、中部大部和东北部次之,西部偏西最短的态势(图 4.4.15)。2011—2020 年冰雹最长持续时间在 1～228 min。西部偏西地区大部分站点冰雹最长持续时间小于 23 min,西部偏东、中部大部和东北部地区大部分站点冰雹最长持续时间小于 65 min,东部偏东南地区部分站点冰雹最长持续时间在 65~228 min。

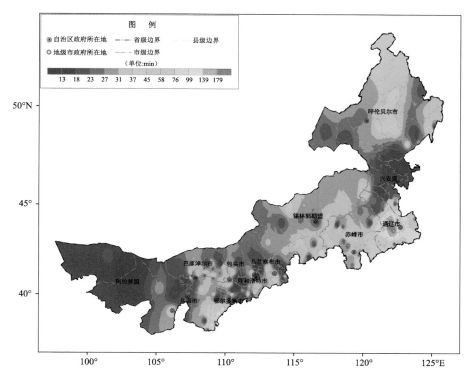

图 4.4.11 1978—2020 年内蒙古冰雹最长持续时间空间分布

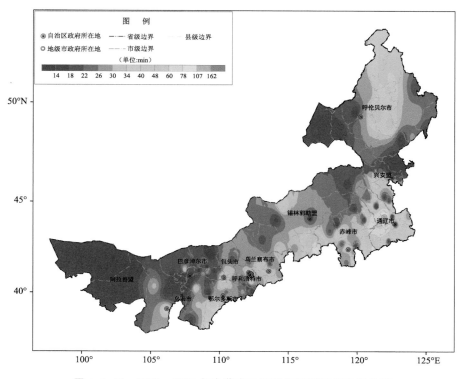

图 4.4.12 1978—1990 年内蒙古冰雹最长持续时间空间分布

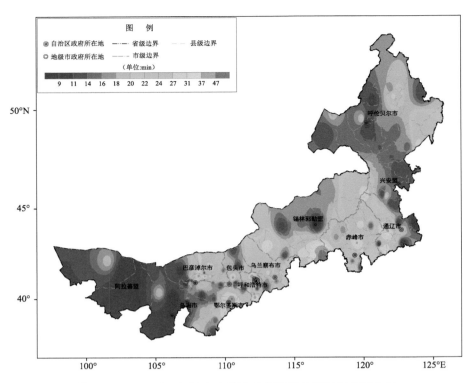

图 4.4.13 1991—2000 年内蒙古冰雹最长持续时间空间分布

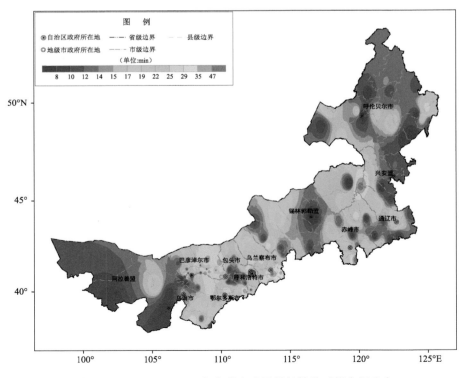

图 4.4.14 2001—2010 年内蒙古冰雹最长持续时间空间分布

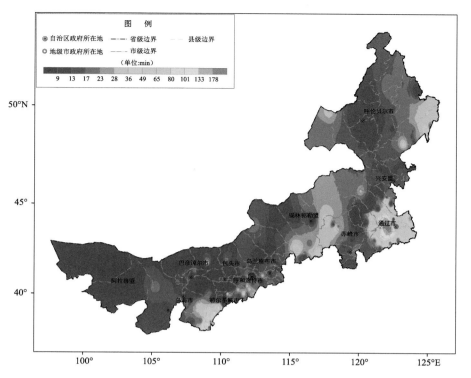

图 4.4.15　2011—2020 年内蒙古冰雹最长持续时间空间分布

4.4.1.4　小结

从冰雹日数年代际分布来看,呈现出先减小后稳定的趋势。1991—2000 年冰雹日数相比于 1978—1990 年整体有明显减少的趋势,2001—2010 年以及 2011—2020 年冰雹日数变化不大。从冰雹日数空间分布来看,各个年代际均呈中部多,东部次之,西部最少的态势。从最大冰雹直径年代际分布来看,呈现出先减小后增加,又减小的趋势。1991—2000 年最大冰雹直径相比于 1978—1990 年整体有减小的趋势,2001—2010 年最大冰雹直径相比于上个 10 年有增大趋势,2011—2020 年最大冰雹直径相比于上个 10 年有减小趋势。从最大冰雹直径分布来看,各个年代际均呈西部偏南、中部偏东和东部偏南较大,东部偏北次之,其余地方较小的态势。从冰雹最长持续时间年代际分布来看,呈现出先减小后增加的趋势。1991—2000 年冰雹最长持续时间相比于 1978—1990 年整体有减小的趋势,2001—2010 年冰雹最长持续时间变化不大,2011—2020 年冰雹最长持续时间相比于上个 10 年有增加趋势。从冰雹最长持续时间分布来看,各个年代际均呈东部偏东南部最长,西部偏东、中部大部和东北部次之,西部偏西最短的态势。

4.4.2　致灾危险性评估

基于内蒙古各站点冰雹致灾危险性指数,综合考虑行政区划,采用自然断点法将冰雹致灾危险性进行空间单元划分,共划分为 4 个等级,分别为高等级区、较高等级区、较低等级区和低等级区,并绘制内蒙古冰雹致灾危险性等级图(图 4.4.16)。由图 4.4.16 可知,内蒙古冰雹致灾危险性总体呈西部偏东、中部偏南和东北部高,中部偏北和东南部次之,西部偏西最小的趋势,西部偏东、中部偏南和东北部以高危险性为主,东南部和中部偏北以较高等级和较低等级为主,西部偏西和偏中地区为低危险性区。

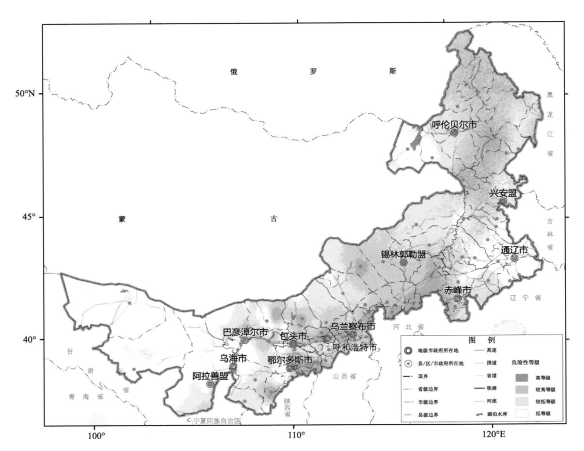

图 4.4.16　内蒙古自治区冰雹灾害致灾危险性等级区划

4.5　高温 ▶▶▶

4.5.1　致灾因子特征分析

4.5.1.1　平均最高气温

　　1961—2021 年内蒙古年平均最高气温整体呈波动升高的趋势（图 4.5.1），线性升高速率为 0.3 ℃·(10 a)$^{-1}$；年际波动较大，极大值出现在 2007 年，为 13.3 ℃，极小值出现在 1969 年，为 10.1 ℃。

　　内蒙古年平均最高气温整体呈自东北向西南逐步升高的分布（图 4.5.2）。1961—2021 年全区年平均最高气温在 4.4～17.1 ℃，低值区主要出现在呼伦贝尔市大部、兴安盟西北部和锡林郭勒盟东北部，平均最高气温低于 8 ℃；高值区主要分布在阿拉善盟大部、乌海市及鄂尔多斯市偏西部和偏南部，平均最高气温在 15 ℃以上；其余大部地区均在 8～15 ℃。

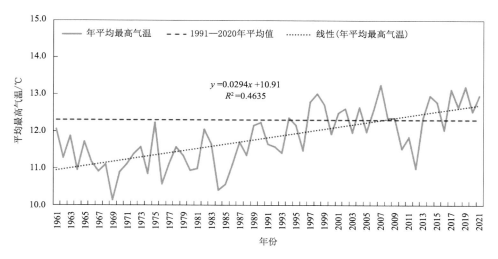

图 4.5.1 1961—2021 年内蒙古年平均最高气温变化图

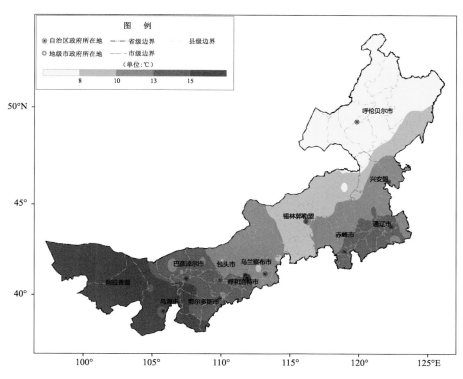

图 4.5.2 1961—2021 年内蒙古年平均最高气温空间分布

4.5.1.2 极端最高气温

1961—2021 年内蒙古年极端最高气温整体上呈波动略升高的趋势(图 4.5.3),线性升高速率为 0.23 ℃·(10 a)$^{-1}$,大部分年份的年极端最高气温均在 40 ℃以上。全区极端最高气温的最大值、最小值分别为 44.8 ℃、37.8 ℃,出现时间分别为 1988 年和 1993 年,均出现在阿拉善盟拐子湖站。

1961—2021 年内蒙古年极端最高气温在 34.1~45.7 ℃,低值区主要出现在呼伦贝尔市中部、锡林郭勒盟西南部、乌兰察布市大部、呼和浩特市北部、包头市中部及鄂尔多斯市中部偏东等地,年极端最高气温低于 38 ℃;高值区主要分布在呼伦贝尔市偏西部、兴安盟东南部、通辽市中部、赤峰市偏南部和阿鲁科尔

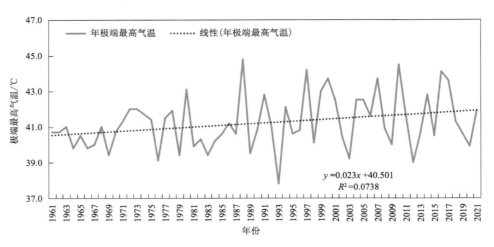

图 4.5.3 1961—2021 年内蒙古年极端最高气温变化

沁旗、锡林郭勒盟东乌旗和二连浩特、鄂尔多斯市伊克乌素及阿拉善盟阿右旗和额济纳旗,年极端最高气温在 42 ℃以上;其余大部地区在 38～42 ℃(图 4.5.4)。

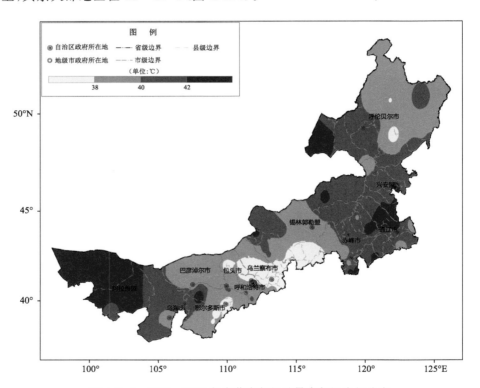

图 4.5.4 1951—2021 年内蒙古年极端最高气温空间分布

4.5.1.3 高温日数

1961—2021 年内蒙古年高温日数整体上呈增多的变化趋势(图 4.5.5),具有明显年代际变化特征,在 20 世纪 90 年代中期以前,全区高温日数处于偏少阶段,平均为 1.9 d;90 年代中期至今,处于高温日数偏多阶段,为 3.7 d,约为前一时期的 2 倍。年高温日数年际波动较大,最多日数出现在 2000 年,平均为 6.7 d;1976 年、1979 年、1993 年均不足 1 d。

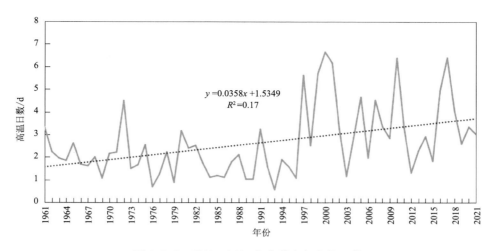

$$y = 0.0358x + 1.5349$$
$$R^2 = 0.17$$

图 4.5.5　1961—2021 年内蒙古年高温日数

内蒙古高温日数整体上呈自东北向西南逐渐增多的分布(图 4.5.6)。1961—2021 年内蒙古平均高温日数在 0～32 d,呼伦贝尔市北部、赤峰市西部、锡林郭勒盟南部、乌兰察布市大部、呼和浩特市大部、包头市大部、巴彦淖尔市北部及鄂尔多斯市中部偏东等地高温日数不足 1 d;乌海、阿拉善盟中西部高温日数在 10 d 以上,拐子湖站高温日数年平均达 32 d;其余大部地区在 1～10 d。

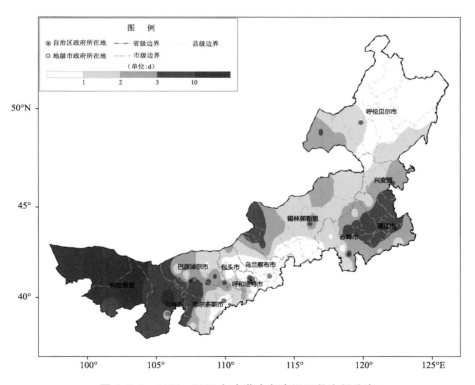

图 4.5.6　1961—2021 年内蒙古年高温日数空间分布

4.5.1.4　高温过程

1961—2020 年内蒙古 119 个国家级气象站共出现单站高温过程 1546 次,年高温过程次数呈明显波动上升趋势。20 世纪 90 年代和 21 世纪第一个 10 a 高温过程次数最多,平均每年达到 37 次;近 10 a 高温过程平均每年 21 次,略有减少。1997 年单站高温过程次数最多,为 98 次,1976 年、1993 年过程次数最少,仅有 1 次(图 4.5.7)。

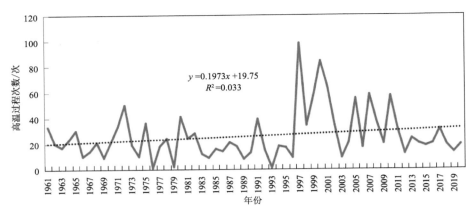

图 4.5.7 1961—2020 年内蒙古高温过程次数变化

1961—2020 年内蒙古单站高温过程最长持续日数在 3～22 d,呈明显波动上升趋势。20 世纪 90 年代和 21 世纪第一个 10 年高温过程最长持续日数最多,平均每年达到 10 d;近 10 a 最长持续日数略有减少,平均每年 8.8 d。最多高温过程最长持续日数出现在 1999 年,为 22 d,其次是 2010 年,为 21 d(图 4.5.8)。

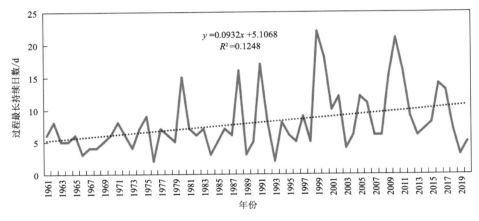

图 4.5.8 1961—2020 年内蒙古高温过程最长持续日数

1961—2020 年高温过程的平均最高气温在 36.7～37.4 ℃,线性变化趋势不明显。2014 年过程平均最高气温最高,为 37.4 ℃;2003 年过程平均最高气温最小,为 36 ℃(图 4.5.9)。

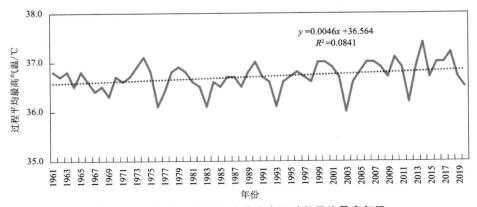

图 4.5.9 1961—2020 年内蒙古高温过程平均最高气温

1961—2020 年高温过程单日最高气温在 36.8～39 ℃,线性变化趋势不明显。1974 年、2014 年高温
过程单日最高气温最高,为 39 ℃;2003 年高温过程单日最高气温最低,为 36.8 ℃(图 4.5.10)。

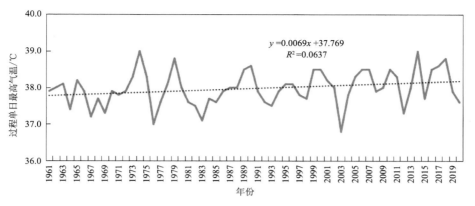

图 4.5.10　1961—2020 年内蒙古高温过程单日最高气温

4.5.2　致灾危险性评估

内蒙古高温灾害致灾危险性等级空间分布如图 4.5.11 所示,高、较高等级主要分布在阿拉善盟中西
部、赤峰市中部偏东、通辽市中部及兴安盟东南部;低等级主要分布在呼伦贝尔市北部和中部、赤峰市西
部、锡林郭勒盟中部及南部、乌兰察布市大部、呼和浩特市偏北部、包头市中部、巴彦淖尔市中部及鄂尔多

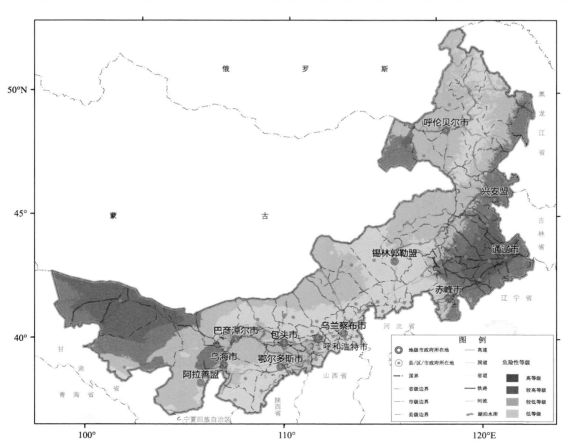

图 4.5.11　内蒙古自治区高温灾害致灾危险性等级区划

斯市南部等地;其余为较低等级。整体上与高温灾害致灾因子的空间分布特征相符,阿拉善盟中西部及内蒙古东南部是高温灾害危险性高值区。

4.6 低温 ▶▶▶▶

4.6.1 致灾因子特征分析

4.6.1.1 冷空气特征

1. 冷空气出现次数空间分布

从冷空气年均出现次数上看,内蒙古每年平均出现冷空气 20～40 次,出现次数最多的区域位于呼伦贝尔市北部和中部、锡林郭勒盟大部、乌兰察布市中北部、呼和浩特市北部、包头市东部,冷空气出现次数在 33 次以上,呼伦贝尔市东南部、兴安盟东部和南部、通辽市北部和南部、赤峰市中部、呼和浩特市中部、鄂尔多斯市东部、巴彦淖尔市南部、乌海市以及阿拉善盟西部和南部冷空气出现次数不足 24 次(图 4.6.1)。

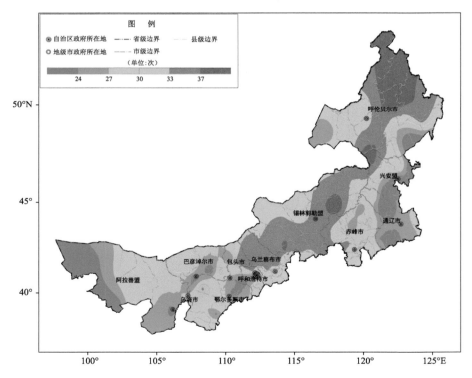

图 4.6.1　1978—2020 年内蒙古冷空气过程年均次数分布

2. 冷空气过程平均最低气温、极端最低气温空间分布

内蒙古各地冷空气过程平均最低气温呈由东北向西南递增趋势。低温区域主要位于呼伦贝尔市、兴安盟西北部以及锡林郭勒盟大部,冷空气过程平均最低气温在 −9 ℃以下,其中呼伦贝尔市大部在 −12 ℃以下(图 4.6.2)。从冷空气过程极端最低气温上看,内蒙古各地极端最低气温较低,在 −50 ～ −30 ℃。其

中,呼伦贝尔市大部、兴安盟西北部、锡林郭勒盟东北部和中部、冷空气过程极端最低气温在－40 ℃以下,低温风险较大(图 4.6.3)。

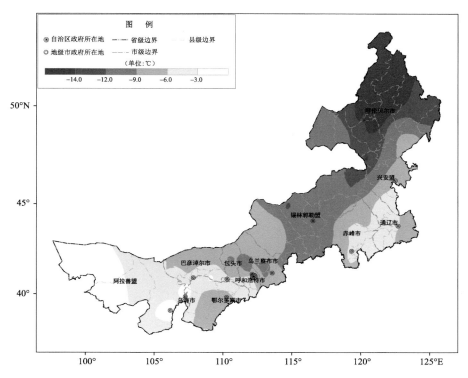

图 4.6.2 1978—2020 年内蒙古冷空气过程平均最低气温分布

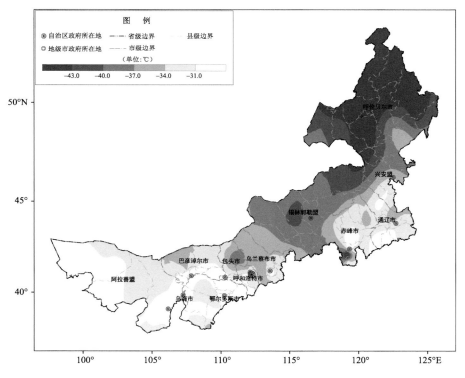

图 4.6.3 1978—2020 年内蒙古冷空气过程极端最低气温分布

3.冷空气降温幅度空间分布

内蒙古大部冷空气过程平均降温幅度在 8 ℃以上,呼伦贝尔市北部和南部、兴安盟西北部、锡林郭勒盟中部和西部、乌兰察布市中北部、包头市东部冷空气平均降温幅度在 10 ℃以上(图 4.6.4)。

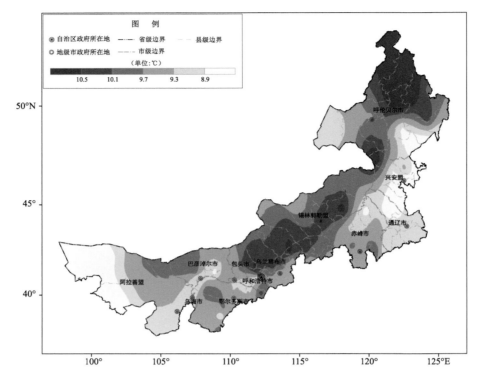

图 4.6.4　1978—2020 年内蒙古冷空气过程平均降温幅度分布

4.6.1.2　霜冻特征

1. 霜期空间分布

由图 4.6.5 可以看出,内蒙古霜期呈由东北向西南递减趋势。呼伦贝尔市大部、兴安盟西部和北部、锡林郭勒盟大部、乌兰察布市中部以及包头市东南部年平均霜期日数在 250 d 以上,呼伦贝尔市北部、兴安盟西北部以及乌兰察布市中部部分地区年平均霜期在 290 d 以上;其余地区霜期均在 200 d 以上(图 4.6.5)。

2. 霜期平均气温、平均最低气温分布

内蒙古霜期平均气温呈由东北向西南递增趋势。呼伦贝尔市、兴安盟大部以及锡林郭勒盟大部,霜期平均气温在 −5 ℃以下;通辽市、赤峰市大部、锡林郭勒盟西南部、乌兰察布市大部、包头市大部以及巴彦淖尔市北部霜期平均气温在 −3.3～−1.6 ℃;其余地区在 −1.6 ℃以上(图 4.6.6)。

内蒙古霜期平均最低气温的分布趋势与平均气温一致,呈由东北向西南递增趋势。低值区主要分布在呼伦贝尔市、兴安盟大部以及锡林郭勒盟大部,霜期平均最低气温在 −10 ℃以下(图 4.6.7)。

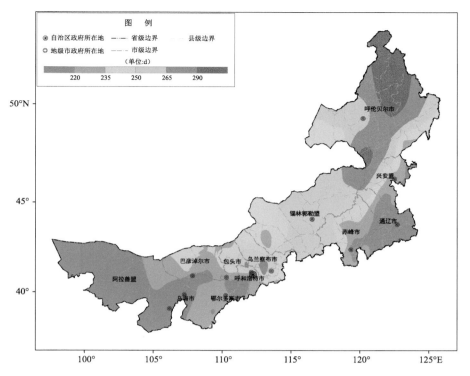

图 4.6.5 1978—2020 年内蒙古霜期平均日数分布

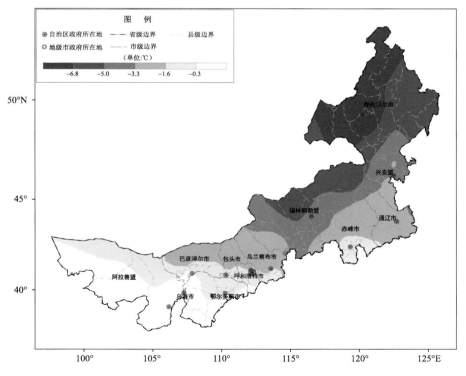

图 4.6.6 1978—2020 年内蒙古霜期平均气温分布

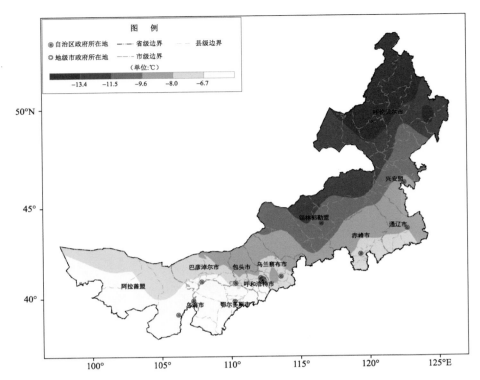

图 4.6.7 1978—2020 年内蒙古霜期平均最低气温分布

4.6.1.3 低温冷害特征

分析内蒙古农作物生育期 5—9 月平均气温小于等于 10 ℃日数空间分布可以看出,呼伦贝尔市大部、兴安盟西北部、锡林郭勒盟大部、乌兰察布市中部以及包头市东部农作物生育期平均气温小于等于 10 ℃的日数在 60 d 以上(图 4.6.8),说明这些地区农作物在生长过程中,容易由于热量条件不够影响农作物的生长发育和结实。

4.6.1.4 冷雨湿雪特征

从内蒙古牧业和半牧业旗(县)牧区冷雨湿雪出现次数分布图上看,与其他低温灾害分布不同,冷雨湿雪出现次数呈南部多、北部少的趋势。呼伦贝尔市南部、兴安盟大部、通辽市大部、赤峰市大部、锡林郭勒盟大部、乌兰察布市中部、包头市大部、鄂尔多斯市大部以及阿拉善盟南部牧区冷雨湿雪年出现次数在 30 次以上(图 4.6.9)。

出现次数只是冷雨湿雪灾害危险性致灾因子中的一个,除了出现次数,过程的降温幅度、风速以及降水量也是灾害危险性的主要因素。

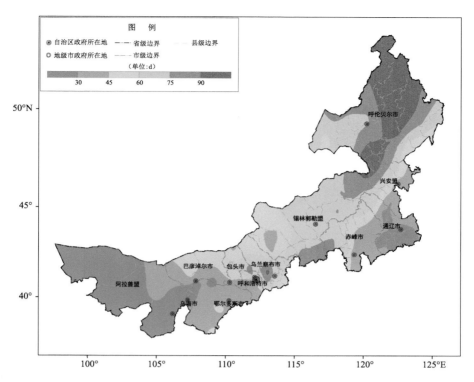

图 4.6.8　1978—2020 年内蒙古 5—9 月气温≤10 ℃年均日数分布

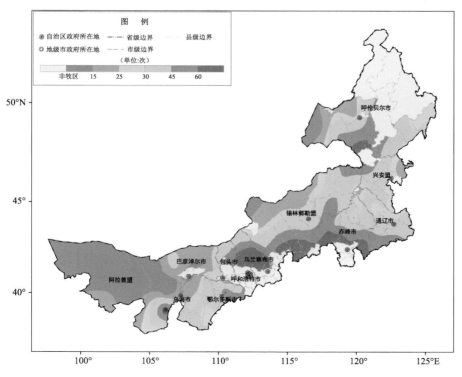

图 4.6.9　1978—2020 年内蒙古牧区冷雨湿雪次数分布

4.6.2　致灾危险性评估

考虑到内蒙古东西向气温差异较大、各地国家级气象站网密度不同,在开展危险性精细化评估区划之前,首先利用高斯分析法对内蒙古119个国家气象站气温的一致性进行客观分区。综合分析,将全区气温分为3个区(图4.6.10),呼伦贝尔市大部分为一区,呼伦贝尔南部、兴安盟大部、锡林郭勒盟大部、乌兰察布市大部以及包头市北部为一区,通辽市、赤峰市、呼和浩特大部以及包头市以西为一区。根据上述分区,建立不同的小网格推算模型,给出不同分区中站点低温致灾因子与所在地经纬度、海拔高度的关系模型,得出低温危险性评估和区划结论。

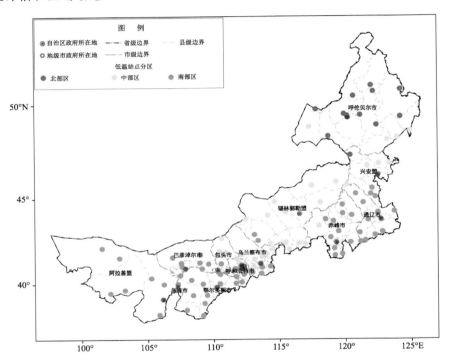

图 4.6.10　内蒙古低温致灾危险性评估站点分区

4.6.2.1　冷空气致灾危险性

利用冷空气危险性指数计算公式分别计算国家级气象站冷空气危险性指数,在不同分区中,建立不同的冷空气危险性指数与当地经纬度、海拔高度的关系,通过地理信息数据推算到小网格上,得出内蒙古冷空气危险性空间分布(图4.6.11)。

从图4.6.11可以看出,内蒙古东北部冷空气危险性最高,锡林郭勒盟、乌兰察布市大部以及包头市东北部,为较高等级;通辽市南部、赤峰市大部、乌兰察布市南部、呼和浩特市以及巴彦淖尔市大部为较低等级,其余地区低温危险性为低等级。

4.6.2.2　霜冻致灾危险性

内蒙古霜冻致灾危险性分布趋势与冷空气一致,呈由东北向西南递减趋势。危险性较高等级和高等级主要分布在呼伦贝尔市、兴安盟西北部、锡林郭勒盟大部(图4.6.12)。

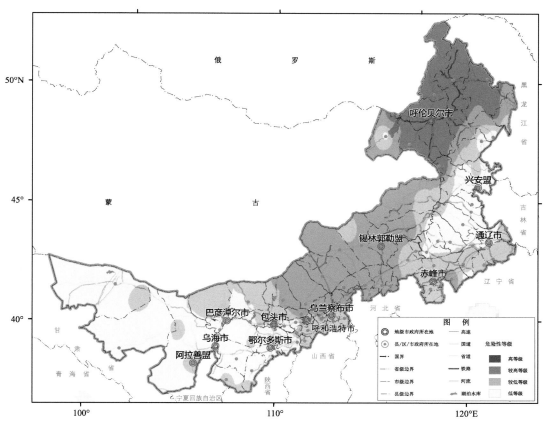

图 4.6.11 内蒙古自治区冷空气灾害致灾危险性等级区划

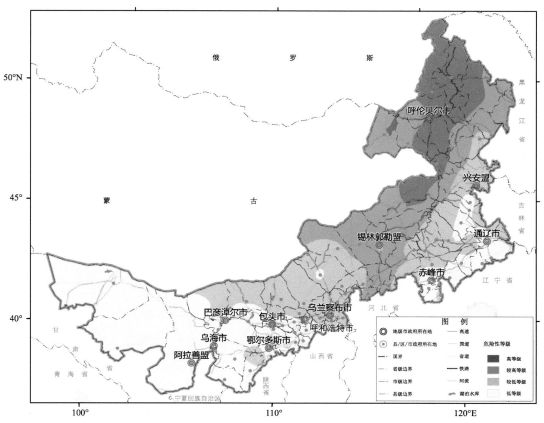

图 4.6.12 内蒙古自治区霜冻灾害致灾危险性等级区划

4.6.2.3 低温冷害致灾危险性

内蒙古低温冷害危险性的分布也是呈东北高、西部低的趋势。低温冷害危险性较高等级和高等级的区域主要位于呼伦贝尔市、兴安盟中西部、锡林郭勒盟大部、乌兰察布市中部和包头市东部(图4.6.13)。

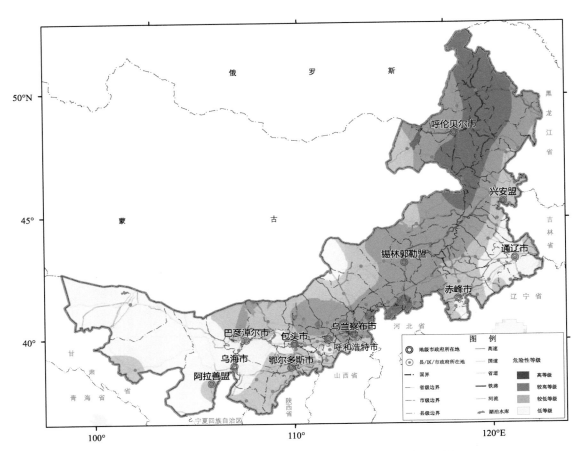

图 4.6.13　内蒙古自治区低温冷害灾害致灾危险性等级区划

4.6.2.4 冷雨湿雪致灾危险性

综合考虑内蒙古牧业和半牧业旗(县)冷雨湿雪过程的降温幅度、风速以及降水量,得出冷雨湿雪危险性分布。从图中可以看出,内蒙古冷雨湿雪危险性高的区域主要位于呼伦贝尔市西部、锡林郭勒盟中部和西部、乌兰察布市中部和鄂尔多斯市西南部(图4.6.14)。

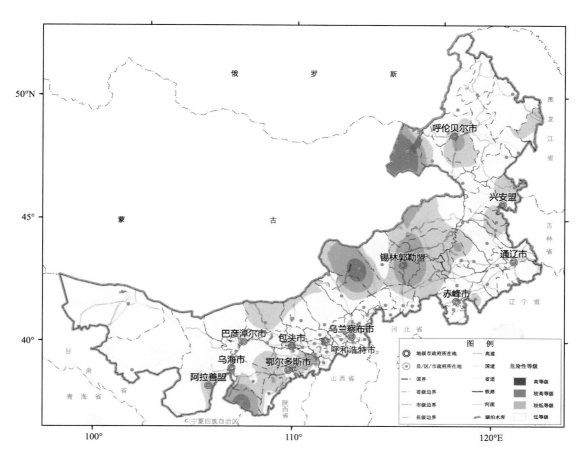

图 4.6.14　内蒙古自治区牧区冷雨湿雪灾害致灾危险性等级区划

4.7 雷电

4.7.1 致灾因子特征分析

4.7.1.1 雷暴气候特征

雷暴是一种伴有雷击和闪电的强对流天气现象,通常伴有大风、暴雨、冰雹等气象灾害,是我国十大自然灾害之一,给社会经济和人民生命财产造成极大的危害。内蒙古自治区地域辽阔,地形复杂,是雷暴活动和雷电灾害发生较频繁的省份之一,其雷暴天气具有发生频率高、分布范围广的特点。研究雷暴事件的气候特征及其变化趋势,不仅可以反映雷暴发生规律,而且对内蒙古雷暴预报预警及雷电防护等工作有一定的指导意义。

1. 资料与方法

按世界气象组织的定义,把某站听到有雷声的观测日记作雷暴日。所用资料为内蒙古自治区 119 个气象站 1971—2013 年逐日雷暴观测资料,采用常规数理统计法和气候倾向率、经验正交函数分解等方法进行分析。

运用气候倾向率方法进行趋势分析,即用最小二乘法拟合线性趋势变化:

$$y = a + bx$$

$10b$ 为气候倾向率,并用 t 检验法对其进行显著性检验。

2.雷暴日数时间变化特征

(1)年际变化特征

内蒙古 119 个气象站 43 a 平均雷暴日数为 28.0 d,年际变化较为明显。从平均雷暴日数逐年变化趋势(图 4.7.1)可以看出,平均雷暴日数最多出现在 1980 年,为 35.2 d,最少出现在 2007 年,为 20.3 d。年平均雷暴日数高于 43 a 平均值的有 22 a,低于平均值的有 21 a,1971—1992 年平均雷暴日数变化曲线在高值区振荡,1993—2010 年曲线呈明显偏小趋势,雷暴日数总体上呈波动减少趋势,其气候倾向率为 $-2.0\ \mathrm{d} \cdot (10\mathrm{a})^{-1}$,即每 10 a 雷暴日数减少 2.0 d。由表 4.7.1 可看出,20 世纪 70 年代和 80 年代的平均雷暴日数分别为 30.0 d 和 31.0 d,均高于 43 a 平均水平,20 世纪 90 年代及 21 世纪初的平均雷暴日数均低于平均水平,其中 21 世纪初为最低。

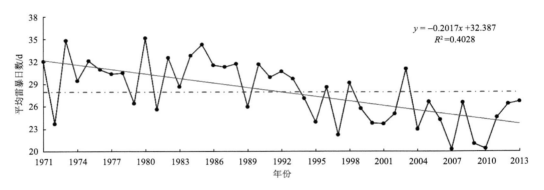

图 4.7.1　1971—2013 年内蒙古平均雷暴日数逐年变化

表 4.7.1 给出了 1971—2013 年内蒙古自治区 12 个盟(市)平均雷暴日数的气候变化参数。可以看出,年平均雷暴日数最多的地方为乌兰察布市(36.6 d),其次为呼和浩特市(35.6 d),年平均雷暴日数最少的是阿拉善盟,仅为 11.8 d。据统计,12 个盟(市)的气候倾向率和相关系数均小于 0,说明各盟(市)的年平均雷暴日数总体上均呈减少趋势,其中乌兰察布市、包头市、赤峰市、巴彦淖尔市和呼伦贝尔市的气候倾向率较大,这些地区的雷暴日数减少较多。

表 4.7.1　1971—2013 年内蒙古 12 个盟(市)年平均雷暴日数气候变化参数

地区	20 世纪 70 年代/d	20 世纪 80 年代/d	20 世纪 90 年代/d	2000—2013 年/d	43 a 均值/d	气候倾向率/ $(\mathrm{d} \cdot (10\mathrm{a})^{-1})$	相关系数
呼和浩特市	37.3	37.6	37.4	31.7	35.6	−0.1915	−0.4430**
包头市	32.0	33.3	28.3	26.2	29.6	−0.2311	−0.5302**
呼伦贝尔市	29.8	29.9	25.7	23.5	26.8	−0.2152	−0.5897**
兴安盟	30.1	33.1	29.2	25.7	29.2	−0.1858	−0.4296**
通辽市	31.0	30.4	29.5	25.0	28.6	−0.1973	−0.4337**
赤峰市	34.1	34.6	32.1	28.1	31.8	−0.2270	−0.5482**
锡林郭勒盟	30.2	31.8	28.9	25.7	28.8	−0.1697	−0.4433**
乌兰察布市	38.5	42.1	35.8	32.2	36.6	−0.2562	−0.5043**

地区	20 世纪 70 年代/d	20 世纪 80 年代/d	20 世纪 90 年代/d	2000— 2013 年/d	43 a 均值/d	气候倾向率/ (d·(10a)$^{-1}$)	相关系数
鄂尔多斯市	28.7	30.0	27.0	24.3	27.2	−0.1746	−0.4397**
巴彦淖尔市	23.7	22.4	20.1	17.3	20.3	−0.2211	−0.5135**
乌海市	17.3	19.3	18.0	16.9	17.8	−0.0337	−0.0889
阿拉善盟	14.5	13.7	12.3	8.5	11.8	−0.1834	−0.6092**
全区	30.0	31.0	27.9	24.5	28.0	−0.2017	−0.6346**

注:＊＊表示通过 0.01 的显著性水平检验。

(2)季节变化特征

内蒙古雷暴季节性变化明显,总体呈现单峰型特征(图略)。结合表 4.7.2 可知,雷暴主要集中在夏季(6—8 月),平均每年夏季出现 21.8 个雷暴日数,占全年雷暴日数的 78.0%,其中峰值出现在 7 月(8.5 d·mon^{-1}),占全年雷暴日数的 30.4%;秋季和春季有少量雷暴发生,分别占全年雷暴日数的 11.9% 和 10.1%;冬季几乎无雷暴发生。夏季受东南季风的影响,水汽充沛,结合动力、热力作用,容易引发局地性强对流天气,导致夏季雷暴多发。

由内蒙古 12 个盟(市)1971—2013 年平均雷暴日数随月份的分布情况(图 4.7.2)可见,各盟(市)雷暴日数的逐月变化表现出很强的一致性。雷暴主要发生在 4—10 月,峰值均出现在夏季,除通辽地区平均雷暴日数在 6 月已达到峰值水平,其他地区均在 7 月达到峰值。

表 4.7.2 1971—2013 年内蒙古各月平均雷暴日数

月份	1 月	2 月	3 月	4 月	5 月	6 月	7 月	8 月	9 月	10 月	11 月	12 月
雷暴日数/d	0.0	0.0	0.0	0.5	2.3	7.0	8.5	6.3	2.8	0.5	0.0	0.0
百分比/%	0.0	0.0	0.1	1.7	8.3	25.0	30.4	22.6	10.0	1.8	0.1	0.0

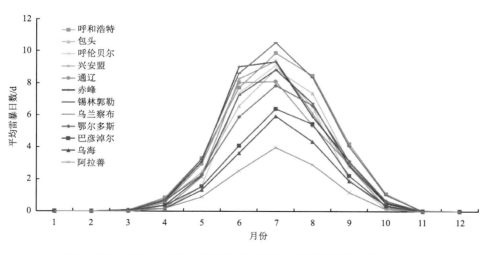

图 4.7.2 1971—2013 年内蒙古 12 个盟(市)平均雷暴日数逐月变化

(3)雷暴的初、终期特征

雷暴出现的初、终期是很重要的气候指标,每年第一次雷暴出现的日期称为初雷日,最后一次出现雷暴的日期称为终雷日。根据内蒙古自治区 1971—2013 年 43 a 的雷暴日数观测资料统计归纳了 12 个盟(市)的雷暴日初、终日变化概况(表 4.7.3)。

从表 4.7.3 可知,内蒙古最早在 3 月初出现雷暴,最晚在 8 月中旬才出现,雷暴平均初日为 4 月下旬至 5 月下旬。由于内蒙古地域跨度较大,导致东西向差异较为明显,即各盟(市)雷暴开始日期差异较大。内蒙古中部地区雷暴出现的最早,如呼和浩特市、包头市、乌兰察布市、鄂尔多斯市以及锡林郭勒盟,最早初日出现在 3 月上旬(3 月 1—4 日);内蒙古西部地区,如巴彦淖尔市、乌海市以及阿拉善盟,雷暴最早初日在 3 月中旬(3 月 11—12 日)出现;内蒙古东部地区最早初日相对较晚出现,其中呼伦贝尔市、兴安盟、通辽市和赤峰市最早在 3 月中到下旬(3 月 15—31 日)首次出现雷暴天气。同时,雷暴初日也有明显的年际差异,各站雷暴初日出现的最早时间和最晚时间相差 3~5 个月,有的年份在 3 月就出现雷暴,有的年份在 6—8 月才出现。雷暴终日平均日期在 9—10 月,阿拉善盟平均终日出现时间最早,为 9 月上旬,其余各盟(市)的平均雷暴终日日期均在 9 月中下旬到 10 月上旬之间。雷暴终日也有明显的年际差异,最早终日和最晚终日相差 2~3 个月左右。

雷暴初、终日之间持续的日数称为雷暴持续期。由于雷暴持续期的大小由当年雷暴初、终日出现的日期决定,因此雷暴持续期的年际变化比较大。2009 年鄂尔多斯市东胜站的雷暴持续期最长,为 252 d,最短的雷暴持续期发生在阿拉善盟,为 0 d,即当年没有雷暴过程发生或仅发生 1 次。各盟(市)平均雷暴持续期在 103~161 d,呼和浩特市的平均雷暴持续期最长,为 161 d;其次为乌兰察布市,其平均雷暴持续期为 157 d;阿拉善盟的平均雷暴持续期最短,为 103 d。结合雷暴日数的分布(表 4.7.1)可知,乌兰察布市和呼和浩特市的年平均雷暴日数最多,阿拉善盟的年平均雷暴日数最少,由此可见,平均雷暴持续期的分布趋势和平均雷暴日数的分布基本保持一致。

表 4.7.3 1971—2013 年内蒙古 12 个盟(市)雷暴日初、终日期和持续期

地区	初日			终日			持续期/d		
	最早	最晚	平均	最早	最晚	平均	最早	最晚	平均
呼和浩特市	3 月 1 日	6 月 9 日	4 月 26 日	8 月 26 日	11 月 9 日	10 月 4 日	240	106	161
包头市	3 月 3 日	6 月 21 日	5 月 5 日	8 月 21 日	11 月 7 日	9 月 27 日	206	81	144
呼伦贝尔市	3 月 31 日	7 月 4 日	5 月 19 日	7 月 12 日	10 月 22 日	9 月 14 日	187	30	118
兴安盟	3 月 31 日	6 月 18 日	5 月 14 日	8 月 10 日	11 月 10 日	9 月 19 日	192	69	128
通辽市	3 月 18 日	6 月 14 日	5 月 4 日	8 月 2 日	11 月 20 日	9 月 26 日	232	82	145
赤峰市	3 月 15 日	6 月 13 日	5 月 2 日	8 月 8 日	11 月 17 日	9 月 26 日	215	83	148
锡林郭勒盟	3 月 4 日	6 月 24 日	5 月 9 日	8 月 7 日	11 月 17 日	9 月 24 日	234	63	137
乌兰察布市	3 月 4 日	6 月 22 日	4 月 29 日	8 月 24 日	11 月 9 日	10 月 3 日	240	93	157
鄂尔多斯市	3 月 3 日	7 月 16 日	5 月 1 日	8 月 7 日	11 月 10 日	9 月 28 日	252	61	150
巴彦淖尔市	3 月 12 日	7 月 31 日	5 月 12 日	7 月 18 日	11 月 9 日	9 月 19 日	199	18	129
乌海市	3 月 11 日	6 月 24 日	5 月 16 日	8 月 15 日	10 月 16 日	9 月 19 日	194	64	127
阿拉善盟	3 月 11 日	8 月 17 日	5 月 23 日	7 月 3 日	10 月 23 日	9 月 6 日	197	0	103

3. 雷暴日数空间变化特征

内蒙古自治区地域广袤,所处纬度较高,经度横跨范围广,呈平原、山地、高原带状分布的地貌格局,以高原为主,海拔 1000~1500 m,地势起伏较缓,向北部倾斜,锡林郭勒、乌兰察布高原地势较高,呼伦贝尔、乌珠穆沁、居延海盆地地势较低。气候受东亚季风环流影响,呈现自东向西由湿润型向干旱型过渡的大陆性气候。复杂的地形地貌及气候的差异,使内蒙古雷暴活动的空间分布不尽一致。

(1)年平均分布特征

图 4.7.3 为 1971—2013 年内蒙古雷暴日数的空间分布情况,由图可知年平均雷暴日数总体上呈现东南多西北少的特征,其中中南部地区雷暴日数最多,西部地区最少。全区年平均雷暴日数在 7.6~40.1 d,

年平均雷暴日数最多的地方为乌兰察布市丰镇市,最少出现在阿拉善盟额济纳旗。呼和浩特市、乌兰察布市中南部、锡林郭勒盟南部及赤峰市西南部地区为雷暴日数高值区,年平均雷暴日数在 31.6～40.1 d;其次为鄂尔多斯市西部、包头市中南部、锡林郭勒盟中部、赤峰市和通辽市北部、兴安盟以及呼伦贝尔市东部,年平均雷暴日数为 26.7～31.6 d;西部的阿拉善盟地区为雷暴日数的低值区,年平均雷暴日数为 11.8 d。综上可见,内蒙古各地区的雷暴日数分布差异较大,最多可相差 30 余天。

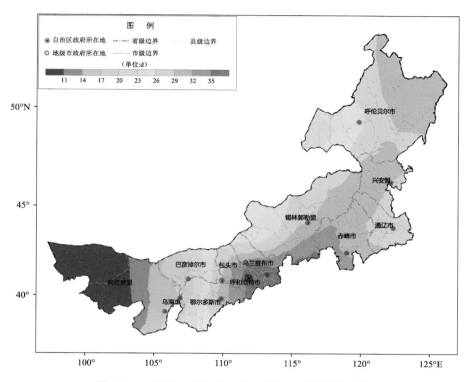

图 4.7.3　1971—2013 年内蒙古年平均雷暴日数分布

(2)季节分布特征

图 4.7.4 给出了内蒙古自治区 1971—2013 年各个季节的雷暴日数分布情况,由图可见雷暴主要发生在夏季,春秋有少量雷暴发生,冬季基本无雷暴出现。春季雷暴主要发生区域位于内蒙古东南部区域,包括通辽市和赤峰市南部、锡林郭勒盟和乌兰察布市东南部、呼和浩特市以及鄂尔多斯市东部,平均雷暴日数为 3.7～5.1 d;夏季平均雷暴日数主要分布于一条从内蒙古东北部至中南部的弧状高值带上,主要包括呼伦贝尔市中东部、兴安盟西部、通辽市西北部、赤峰市西部、锡林郭勒盟东北至东南地区、乌兰察布市南

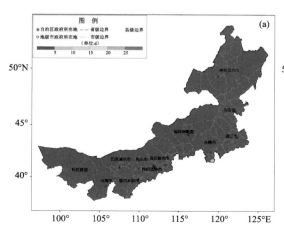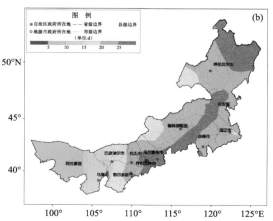

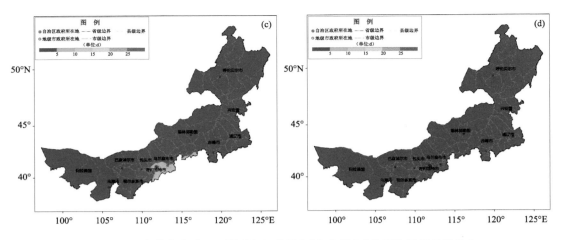

图 4.7.4 内蒙古春季(a)、夏季(b)、秋季(c)和冬季(d)的平均雷暴日数分布

部、包头市东南部以及呼和浩特市大部分地区,平均雷暴日数为 23.9～28.5 d;秋季平均雷暴日数略多于春季,平均雷暴日数为 4.1～5.7 d,主要发生区域为锡林郭勒盟东南部、乌兰察布市南部、呼和浩特市、包头市东南部和鄂尔多斯市东部;冬季几乎没有雷暴发生,即平均雷暴日数为 0 d。

综上所述,夏季雷暴发生最为频繁且分布范围较广;秋季其次,主要分布在中南部地区;春季雷暴频次略少于秋季,主要发生于内蒙古中南及中东部地区;冬季几乎无雷暴发生。

(3)月平均分布特征

图 4.7.5 给出内蒙古自治区 12 个月月平均雷暴日数的空间分布,以便于分析不同月份雷暴日数空间分布的差异。可以看出,雷暴日数主要分布在 5—9 月,其余月份的雷暴日数较少,平均雷暴日数均小于 1 d。据统计,5—9 月的平均雷暴日数占全年雷暴日数的 96.3%(表 4.7.2),因此下文主要分析 5—9 月的雷暴日数分布情况。从空间分布上看,各月的平均雷暴日数分布均呈东高西低、北高南低的趋势。5 月雷暴日数主要分布在内蒙古东南部地区,即通辽市南部、赤峰市南部、锡林郭勒盟东南部、乌兰察布市南部以及呼和浩特市中部和东南部,最大月平均雷暴日数为 3.3～4.0 d;6 月雷暴日数高值区主要分布于呼和浩特市、乌兰察布市南部、锡林郭勒盟南部、赤峰市西北部、通辽市西部、兴安盟以及呼伦贝尔市东部,呈现一条西南—东北走向的高值带,最大月平均雷暴日数为 8.0～10.1 d;7 月雷暴日数的高值带状区域向西北移动并扩散,雷暴日数高值区范围增大,最大月平均雷暴日数达 9.2～10.8 d;8 月雷暴日数有一定的回落,

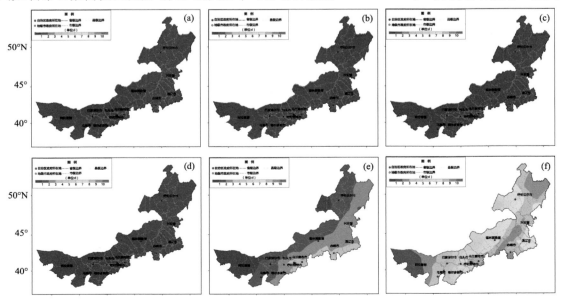

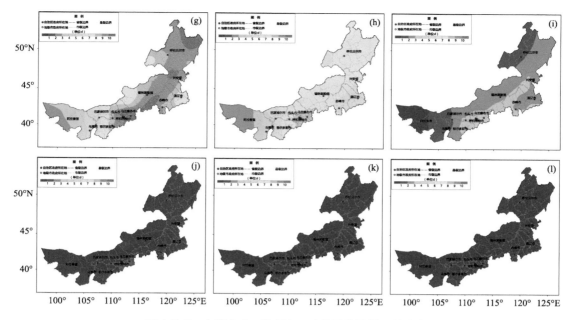

图 4.7.5　内蒙古 1—12 月(a～l)的平均雷暴日数分布

高值区主要集中在内蒙古中西部地区，即鄂尔多斯市东部、包头市东南部、呼和浩特市和乌兰察布市中南部地区，最大月平均雷暴日数降至 7.4～8.7 d；9 月雷暴日数大幅减少，高值区位于内蒙古中南部地区，最大月平均雷暴日数仅为 3.6～4.3 d。

(4)雷暴空间分布的 EOF 分析

为了清楚地显示内蒙古雷暴的主要空间分布类型及其与年际变化之间的联系，下面对 1971—2013 年的雷暴资料进一步做 EOF 分析，资料采用各测站的距平值，用特征向量及其所对应的时间系数和方差贡献率表示时空分布特征。表 4.7.4 列出了 EOF 前 4 个特征向量场的个别方差贡献及累积方差贡献，可以看出，前 4 个特征向量场累积方差贡献占总方差的 61.1%，对于雷暴这类地域性较强的天气现象来说，其收敛性较好。

表 4.7.4　雷暴日数年际变化 EOF 分析前 4 个特征向量场的方差贡献

序号	特征值	个别方差贡献/%	累积方差贡献/%
1	1980.75	39.2	39.2
2	597.24	11.8	51.0
3	292.01	5.8	56.8
4	216.07	4.3	61.1

第一特征向量场(图 4.7.6a)占总方差比例最大(39.2%)，呈一致的正值，称为"全区一致型"，是内蒙古雷暴日数空间分布的主要特点。该型反映了尽管内蒙古地形复杂，但在很大程度上受到同一天气系统和某些因子的影响，雷暴日数的变化趋势是一致的。图 4.7.7a 是对应的时间系数曲线，大于 0 的年份为全区雷暴日数偏多年，小于 0 的年份为全区雷暴日数偏少年。可以看出，20 世纪 70 年代至 90 年代初期为总体偏多期，90 年代中期以后为总体偏少期，年雷暴日数气候倾向率是负值，且呈下降趋势，这与之前分析的雷暴日数年际变化规律是一致的。

第二特征向量场(图 4.7.6b)占总方差的 11.8%，表现为东西相反的异常分布，称为"东西差异型"。锡林郭勒盟以东为正值，大值区位于内蒙古东南部地区，即赤峰、通辽一带；锡林郭勒盟以西为负值，大值区位于巴彦淖尔及鄂尔多斯地区。该型反映了内蒙古雷暴日数空间分布的总趋势还存在东西反位相的特点,即东部雷暴减少时西部雷暴相对增多,反之趋势相反。从对应的时间系数曲线(图4.7.7b)上看,总体上气候变化趋势不明显,有微弱的上升趋势。20世纪70年代至80年代中期为总体偏少期,80年代后期至21世纪初为总体偏多期,之后又转为总体偏多期,结合该型为东正西负,反映了锡林郭勒盟以东雷暴日数的变化趋势为少—多—少,以西的变化趋势为多—少—多。

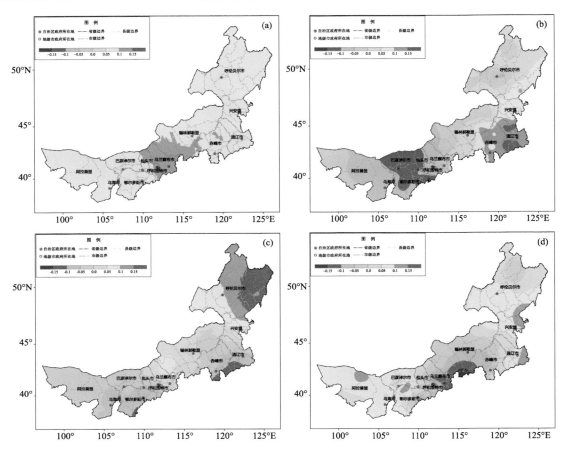

图4.7.6 内蒙古雷暴日数年际变化 EOF 的第一(a)、第二(b)、第三(c)和第四(d)特征向量场空间分布型

第三特征向量场(图4.7.6c)占总方差的5.8%,其符号从北到南呈负—正—负—正的分布,该型称为"经向型"。正值区位于呼伦贝尔市、兴安盟及乌兰察布市和锡林郭勒盟西部,负值区位于赤峰市、通辽市和锡林郭勒盟东部以及包头市和呼和浩特市以西地区。从其对应的时间系数曲线(图4.7.7c)可以看出,正负相位变化较为显著,总体呈上升趋势。

第四特征向量场(图4.7.6d)仅占总方差的4.3%,其符号从东到西呈正—负—正—负的分布,该型称为"纬向型"。正值区位于呼伦贝尔市南部、兴安盟、通辽市东部以及巴彦淖尔市、鄂尔多斯市西部、乌海市和阿拉善盟,负值区位于呼伦贝尔市北部以及赤峰市、锡林郭勒盟、乌兰察布市一带。

综上所述,内蒙古雷暴异常的空间分布类型主要有全区一致型、东西差异型、纬向型和经向型4种类型。

4.7.1.2 地闪活动特征

1. 资料来源

所用闪电定位资料全部来源于内蒙古气象部门的 ADTD 雷电定位系统,共包含56个探测子站

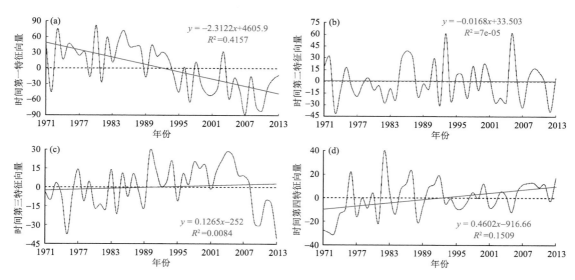

图 4.7.7 内蒙古雷暴日数年际变化 EOF 的第一(a)、第二(b)、第三(c)和第四(d)特征向量场时间分布型

(图 4.7.8),探测范围基本覆盖内蒙古全区。该系统由中国科学院空间科学与应用研究中心研制,主要用于探测云地闪,单站探测范围约为 150 km,时间精度优于 10^{-7} s,组网后网内理论定位精度优于 300 m。选取 2014—2020 年该探测网的闪电探测资料,每条闪电资料包括时间、经纬度、正负极性、强度、陡度、定位方式、闪电发生所属地区等信息。

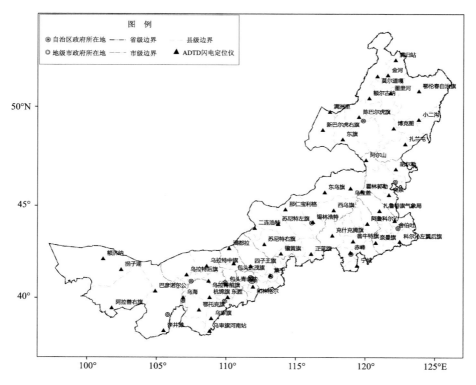

图 4.7.8 内蒙古 ADTD 闪电定位仪站址分布

2. 地闪频次分布特征

(1)地闪频次年变化

统计显示,2014—2020 年内蒙古自治区总地闪(正地闪+负地闪)频次为 1879469 次,其中正地闪为

286209 次,占总地闪频次的 15.23％,与湖南、云南等省份相比,内蒙古的正地闪比例偏高。统计 2014—2020 年不同年份的地闪频次,结果如图 4.7.9 所示,2019 年观测到的地闪次数最多,为 296033 次,其中正地闪 43769 次,负地闪 252264 次,正地闪占总地闪的比例约为 14.79％;2018 年观测到的地闪次数最少,为 232695 次,其中正地闪 34018 次,负地闪 198677 次,正地闪占总地闪的比例约为 14.62％。

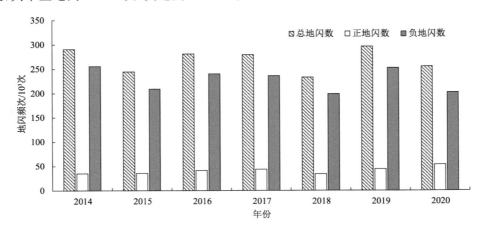

图 4.7.9　2014—2020 年内蒙古地闪频次年分布

（2）地闪频次月变化

图 4.7.10 给出了内蒙古自治区 2014—2020 年地闪频次的月分布。内蒙古自治区雷电活动主要发生在 6—9 月,约占全年地闪总次数的 95.8％,这 4 个月的闪电发生频次均超过 20 万次。地闪频次月分布呈单峰型,最高峰出现在 7 月,频次为 660695 次,占全年的 35.2％。1—3 月与 11 月、12 月闪电发生较少,仅占全年总地闪频次的 0.1％。

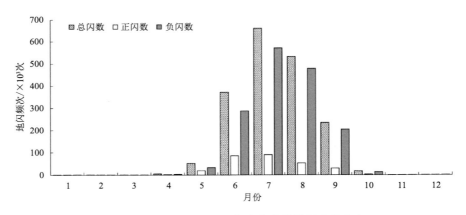

图 4.7.10　2014—2020 年内蒙古地闪频次月分布

（3）地闪频次日变化

对一天中各时段的地闪活动频次进行统计分析,如图 4.7.11 所示,内蒙古自治区闪电活动呈现出“单峰单谷”的特征,峰值出现在 15—16 时,占全天总地闪的 9.9％,谷值出现在 09—10 时,占全天总地闪的 1.2％。闪电活动主要集中在 13—20 时,13—20 时的地闪频次占全天的 56.2％,其他时段的闪电数量较少且变化大体相同,这与高原地区雷暴主要发生在傍晚且呈现明显单峰型的结论相一致。

（4）地闪频次空间分布特征

地闪密度能够反映地闪频次空间分布特征,同时也是雷电灾害风险评估与区划的重要参数之一,地闪密度是指每年每平方千米内发生的地闪次数。采用网格法对内蒙古自治区 2014—2020 年共 7 a 的年平均

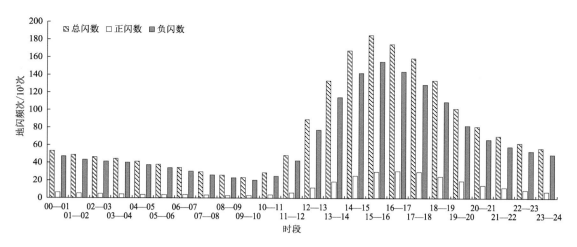

图 4.7.11 2014—2020 年内蒙古地闪频次日分布

地闪密度进行统计,取网格边长为 1 km×1 km,计算出各网格地闪密度值,按照数值大小采用阈值法分为 4 级,如图 4.7.12 所示。根据多年的地闪密度分布统计数据,闪电活动最强的地区主要分布在鄂尔多斯市东部、包头市南部、呼和浩特市西南部以及乌兰察布市南部;2014—2020 年内蒙古自治区年平均地闪密度最大值为 4.41(次·km^{-2})·a^{-1},位于乌兰察布市凉城县东部。

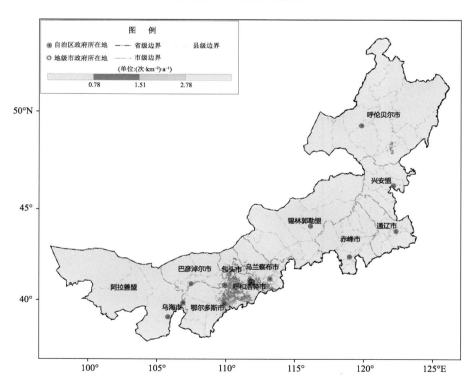

图 4.7.12 2014—2020 年内蒙古地闪密度空间分布

3. 地闪强度变化特征

(1)地闪强度月变化

对 2014—2020 年雷电流幅值进行统计分析,地闪强度月变化如图 4.7.13 所示,地闪强度是指经过算数平均后的雷电流幅值。正地闪的平均电流强度变化范围在 57~88 kA,负地闪平均电流强度变化范围在 30~65 kA。总地闪平均强度与负地闪的变化大体相同,变化范围在 34~66 kA。地闪频次高的月份平

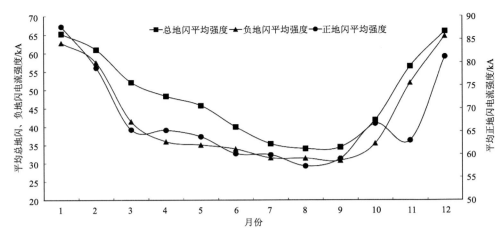

图 4.7.13　2014—2020 年内蒙古地闪强度月变化分布

均电流强度比较低,地闪频次低的月份电流平均强度比较高。6—9 月平均地闪强度较其他月份相比小15％～40％。闪电发生最少的 1 月与 12 月平均强度最高。

(2)地闪强度日变化

地闪强度日变化情况如图 4.7.14 所示。从图可以看出,2014—2020 年一天内各个时段的正地闪平均强度均大于负地闪平均强度,正地闪平均电流强度变化范围在 57～63 kA,负地闪平均电流强度变化范围在 30～36 kA,正地闪平均电流强度约为负地闪平均电流强度的 2 倍;总体来说,各个时段的平均雷电流强度变化不大,10—12 时地闪强度要略大于其他时段的地闪强度。正地闪平均强度峰值出现在 11—12 时,为 63.4 kA;谷值出现在 01—02 时,为 57.4 kA。负地闪平均强度峰值出现在 09—10 时,为 35.2 kA;谷值出现在 17—18 时,为 30.5 kA。

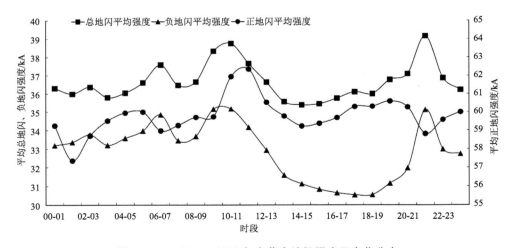

图 4.7.14　2014—2020 年内蒙古地闪强度日变化分布

(3)地闪强度空间分布特征

内蒙古自治区 2014—2020 年地闪强度空间分布如图 4.7.15 所示,地闪强度高的区域主要分布在鄂尔多斯市东部、包头市南部、呼和浩特市西南部、乌兰察布市南部、通辽市北部和呼伦贝尔市南部。2014—2020 年内蒙古自治区年平均地闪强度最大值为 86.78 (kA·km^{-2})·a^{-1},位于乌兰察布市凉城县东部。

(4)地闪强度累积概率变化特征

从内蒙古自治区正负地闪强度累积概率分布图(图 4.7.16)中可以看出,负地闪强度主要集中在 10～

45 kA,该等级范围内负地闪数占负地闪总数的 82.9%;正地闪强度主要集中在 20~70 kA,该等级范围内正地闪数占正地闪总数的 64.7%。

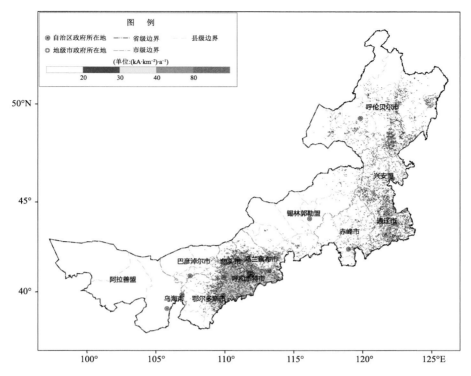

图 4.7.15 2014—2020 年内蒙古地闪强度空间分布

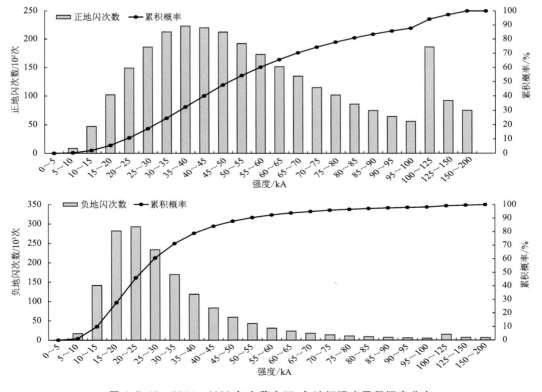

图 4.7.16 2014—2020 年内蒙古正、负地闪强度累积概率分布

4.7.1.3 孕灾环境对地闪活动的影响

1. 资料来源

地形数据来源于中国科学院计算机网络信息中心国际科学数据镜像网站 SRTM 地形数据,分辨率为 90 m。本节所采用的海拔高度数据为 SRTM 重采样后分辨率为 3 km 的数据,坡度、坡向、地形起伏度均由 SRTM 数据经过计算处理后得到。

2. 地形对地闪密度的影响

(1)海拔高度对地闪密度的影响

图 4.7.17 为 3 km×3 km 分辨率的海拔高度分布。内蒙古自治区在世界自然区划中,属于著名的亚洲中部蒙古高原的东南部及其周沿地带,统称内蒙古高原。内蒙古地貌以蒙古高原为主体,具有复杂多样的形态,其中高原约占全区总面积的 53.4%,由呼伦贝尔高平原、锡林郭勒高平原、巴彦淖尔—阿拉善及鄂尔多斯等高平原组成,平均海拔 1000 m 左右;高原四周分布着大兴安岭、阴山、贺兰山等山脉,约占全区总面积的 20.9%,海拔最高点贺兰山主峰 3556 m;在大兴安岭的东麓、阴山脚下和黄河岸边,有嫩江西岸平原、西辽河平原、土默川平原、河套平原及黄河南岸平原,这些平原占全区总面积的 8.5%。不同海拔高度所占内蒙古自治区土地面积的百分比如图 4.7.18 所示。

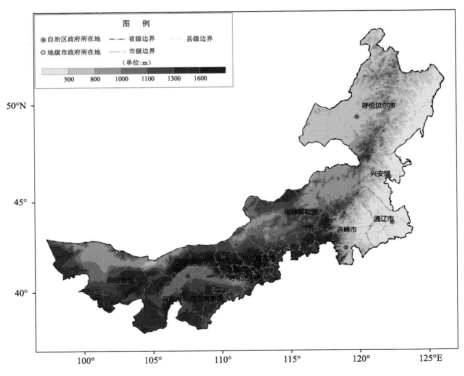

图 4.7.17　内蒙古自治区海拔高度分布

以 100 m 为海拔递增单位,对内蒙古自治区 2014—2020 年地闪进行统计得到地闪次数、正地闪比例与不同海拔高度的变化特征,如图 4.7.19 所示。总地闪分布随海拔高度的增加呈现双峰特征,与不同海拔高度所占内蒙古土地面积的百分比变化趋势相同。总地闪主要分布在 200～1700 m 海拔高度范围内,该区间内地闪次数占总地闪次数的 96.7%,该区间国土面积占内蒙古土地总面积的 96.1%;尤其是在 1000～1500 m 海拔高度范围内地闪活动最为频繁,7 年总共发生地闪次数 76.9 万余次,占总地闪的

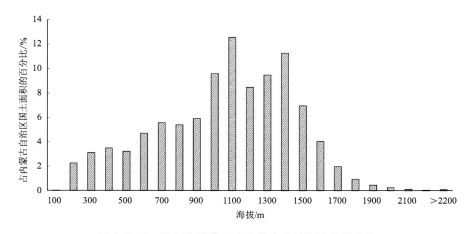

图 4.7.18 不同海拔高度占内蒙古土地面积的百分比

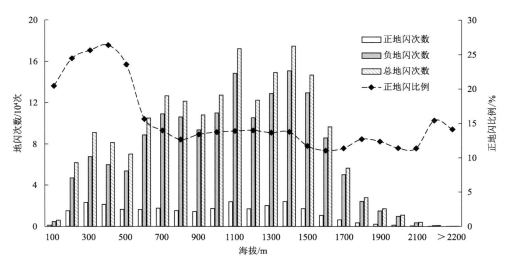

图 4.7.19 2014—2020 年内蒙古地闪次数、正地闪比例与不同海拔高度的变化特征

40.8%；小于 200 m 的低海拔区域占全区面积的 1.8%，发生的地闪数仅占总地闪数的 0.3%；大于 1700 m 的高海拔区域占全区总面积的 1.9%，发生的地闪数占总地闪数的 3.2%。因此，小于 200 m 和大于 1700 m 的区域地闪活动不具备代表性，下面主要分析海拔高度在 200～1700 m 的地闪活动随海拔高度的变化（图 4.7.20）。

从正地闪比例随海拔高度的变化特征来看，正地闪约占总地闪的 11%～26%。0～400 m 区域内正地闪比例随着海拔的增加呈增加的特征，400 m 时达到最大值 26.4%，此区域为正地闪活动的峰值区，400～600 m 区域随着海拔的增加正地闪比例呈现快速减少的特征，海拔大于 600 m 的区域，正地闪比例趋于平稳，在海拔高度为 1600 m 时达到最低值 11%。在 0～600 m 海拔高度区域内，随着海拔增加正地闪比例变化明显，表明低海拔区域内正/负地闪的激发条件与中高海拔区域内正/负地闪激发的条件具有明显差异。

平均总地闪密度、负地闪密度和正地闪密度随海拔高度变化的趋势基本一致，海拔高度不断增加，地闪密度先减少后增加，呈单谷型变化特征，谷值出现在海拔高度为 900～1000 m 区间内，平均总地闪密度的谷值为 0.14(次·km^{-2})·a^{-1}，平均负地闪密度的谷值为 0.12(次·km^{-2})·a^{-1}，平均正地闪密度的谷值为 0.02(次·km^{-2})·a^{-1}。

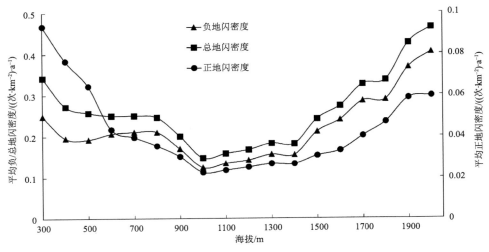

图4.7.20 2014—2020年内蒙古地闪密度与不同海拔高度的变化特征

(2)坡度对地闪密度的影响

图4.7.21为内蒙古自治区3 km×3 km分辨率的坡度分布。全区大部分地区的坡度都较小,坡度≤5°的区域占全区总面积的66.36%(图4.7.22),坡度较大的区域主要分布在大兴安岭、阴山、贺兰山等山地地区。

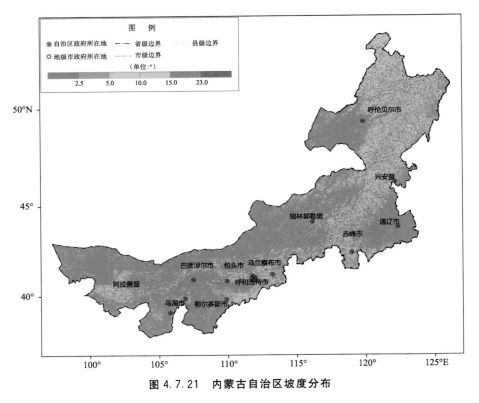

图4.7.21 内蒙古自治区坡度分布

以1°为单位对各坡度段的地闪进行统计得到地闪次数、正地闪比例与坡度的变化特征,如图4.7.23。可见内蒙古地闪活动随着坡度的增加而减少,当坡度大于6°之后,随坡度减少的趋势逐渐放缓。地闪活动主要出现在0~23°坡度范围内,该坡度范围的地闪次数占总地闪次数的99%,该坡度范围的国土面积占全区总面积的98.7%。其中,0°~6°地闪活动最为活跃,7 a间共发生地闪145万余次,占总地闪的77.3%,国土面积占内蒙古自治区的71.2%。大于23°的地闪次数仅占总地闪次数的1%,国土面积占内

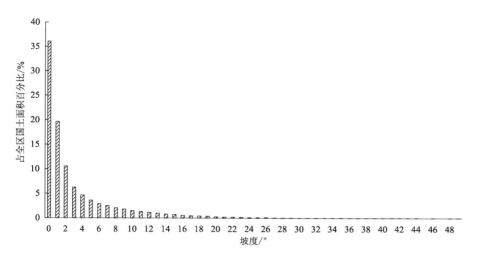

图 4.7.22　不同坡度占国土面积百分比

蒙古自治区的 1.2%,这表明 3 km×3 km 网格范围内平均坡度大于 23°的面积很小,且地闪次数也很稀少,因此分析中不作考虑。

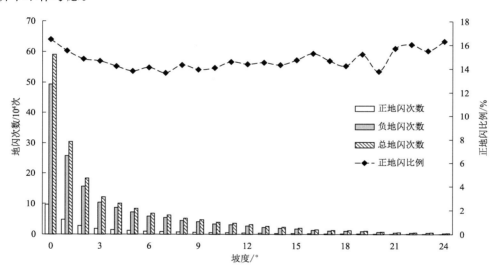

图 4.7.23　2014—2020 年内蒙古地闪次数、正地闪比例与不同坡度的变化特征

图 4.7.24 为平均总地闪、负地闪和正地闪密度随坡度变化的特征,内蒙古自治区平均总地闪、负地闪和正地闪密度在坡度为 1°时达到最小,平均总地闪密度的谷值为 $0.17(次 \cdot km^{-2}) \cdot a^{-1}$,平均负地闪密度的谷值为 $0.15(次 \cdot km^{-2}) \cdot a^{-1}$,平均正地闪密度的谷值为 $0.02(次 \cdot km^{-2}) \cdot a^{-1}$,随后随着坡度的增加而呈线性增加的趋势。由此可见,地形坡度对气流抬升和对流的形成确实有促进作用。

(3)坡向对地闪密度的影响

内蒙古自治区坡向分布较为分散(图 4.7.25),不同坡向所占国土面积的比例差别不大(图 4.7.26),北坡所占国土面积的比例最大,约为 18.4%;西南坡的比例最小,仅为 8.4%。

按北坡、东北坡、东坡、东南坡、南坡、西南坡、西坡、西北坡与无坡度 9 个方位对地闪次数与正地闪比例进行统计,由于无坡度所发生的地闪次数仅占总地闪的 0.3%,因此仅对其他 8 个坡向进行分析。如图 4.7.27 所示,北坡地闪次数最多,占总地闪的 17%,7 年间共发生地闪 32 万次,北坡的国土面积占自治区总国土面积的 18%。西南坡地闪次数最少,占总地闪的 9%,西南坡的国土面积占内蒙古自治区总国土面积的 8.4%。地闪次数与各个坡向所占的国土面积的变化趋势基本相同。正地闪比例与地闪次数的规律

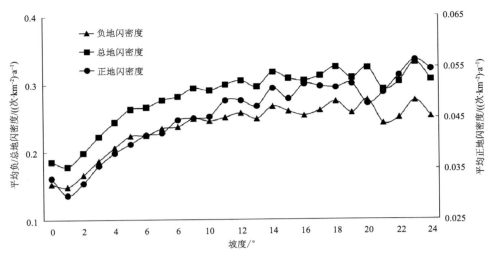

图 4.7.24　2014—2020 年内蒙古地闪密度与不同坡度的变化特征

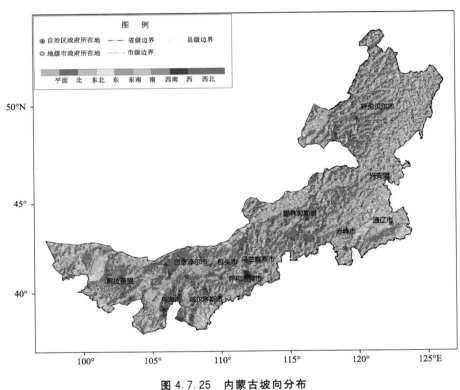

图 4.7.25　内蒙古坡向分布

不同,东坡的正地闪比例最高,约为 16.9%;西北坡的正地闪比例最低,仅占 13.6%。

图 4.7.28 为地闪密度与不同坡向变化特征,从图中可以看出不同坡向的地闪密度差别不大,总地闪密度最高的东坡可以达到 0.23(次·km^{-2})·a^{-1},总地闪密度最低的北坡也有 0.19(次·km^{-2})·a^{-1}。负地闪密度与总地闪密度的分布特征相似,西南坡的负地闪密度最高,为 0.19(次·km^{-2})·a^{-1},北坡的负地闪密度最低,为 0.16(次·km^{-2})·a^{-1}。正地闪密度在东坡达到最大值 0.043(次·km^{-2})·a^{-1},在西北坡时为最小值 0.029(次·km^{-2})·a^{-1}。不同坡向的地闪密度分布特征与地闪次数分布特征恰好相反,北坡的总地闪次数最多,但总地闪密度却最小;西南坡的总地闪次数最少,总地闪密度却仅次于东坡,位列第二。

第 4 章　致灾风险性分析与评估

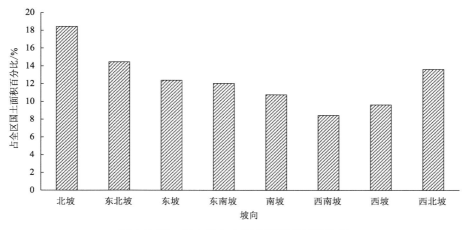

图 4.7.26　各个坡向占国土面积的百分比图

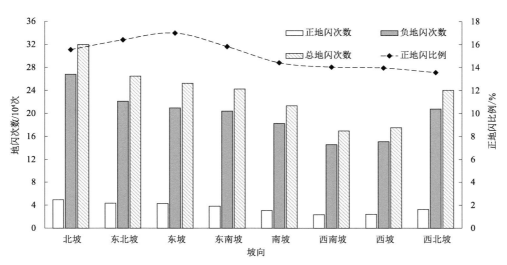

图 4.7.27　2014—2020 年内蒙古地闪次数、正地闪比例与不同坡向变化特征

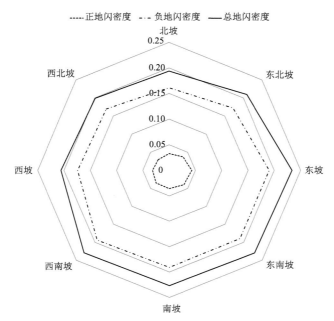

图 4.7.28　2014—2020 年内蒙古地闪密度与不同坡向变化特征

（4）地形起伏度对地闪密度的影响

由图 4.7.29 可以看出,内蒙古自治区地形总体较为平坦,地形起伏度在 0～20 m 区间的土地面积占内蒙古土地面积的 34.7%（图 4.7.30）,地形起伏度在 20～75 m 区间的土地面积占内蒙古土地面积的52.7%。地形起伏度较大的区域主要包括大兴安岭南麓、阴山、贺兰山等小部分地区。

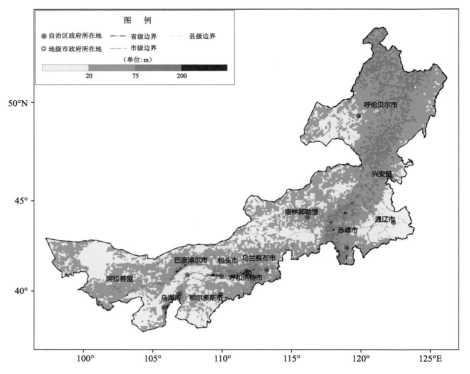

图 4.7.29　内蒙古地形起伏度分布

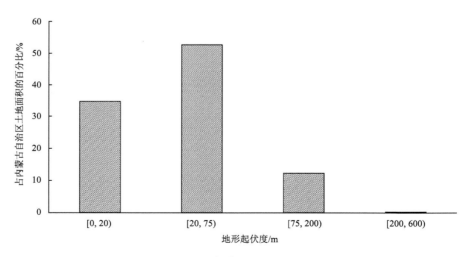

图 4.7.30　不同地形起伏度区间占国土面积百分比

根据不同地形起伏度区间,对地闪次数与正地闪比例进行统计,得到的结果如图 4.7.31 所示。从图4.7.31 中可以看出,20～75 m 范围的地闪次数最多,为 101 万次,占总地闪的 54%,该范围内土地面积占内蒙古自治区土地面积的 52%。200～424 m 范围的地闪次数最少,仅占总地闪的 0.5%,该范围内土地面积占内蒙古自治区土地面积的 0.3%。正地闪比例随着地形起伏度的增加呈减小的变化趋势,0～20 m范围的正地闪比例最高,占总地闪次数的 17%。

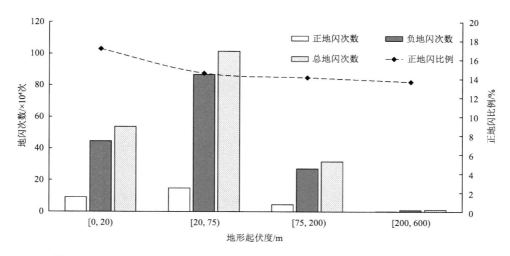

图 4.7.31 2014—2020 年内蒙古地闪次数、正地闪比例与地形起伏度变化特征

图 4.7.32 为地闪密度与地形起伏度的变化特征,从图中可以看出,总地闪、正地闪、负地闪的地闪密度变化趋势相同,均随着地形起伏度的增大而增加。0~20 m 范围内,总地闪、正地闪、负地闪的地闪密度均为最小,总地闪密度为 0.18(次·km^{-2})·a^{-1},负地闪密度为 0.14(次·km^{-2})·a^{-1},正地闪密度为 0.04(次·km^{-2})·a^{-1}。200~424 m 范围内,总地闪、正地闪、负地闪的地闪密度达到最大,总地闪密度为 0.41(次·km^{-2})·a^{-1},负地闪密度为 0.35(次·km^{-2})·a^{-1},正地闪密度为 0.06(次·km^{-2})·a^{-1}。

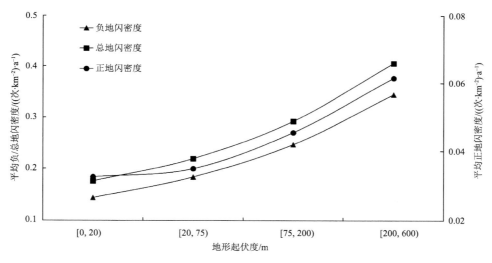

图 4.7.32 2014—2020 年内蒙古地闪密度与地形起伏度变化特征

3. 地形对地闪强度的影响

(1)海拔对地闪强度的影响

地闪强度与不同海拔高度的变化特征如图 4.7.33 所示,总地闪、负地闪和正地闪的平均电流强度均随着海拔的增高呈波动减少的趋势。可能是由于高原地区对流层顶相对于地面高差较小,高差随着海拔的增加进一步减小,导致地闪的电流强度随着海拔的增加呈缓慢减小的趋势。负地闪平均强度在 26~37 kA,正地闪平均强度为 53~63 kA,正地闪平均强度显著大于负地闪,约为负地闪平均强度的 2 倍。

(2)坡度对地闪强度的影响

图 4.7.34 为总地闪、负地闪和正地闪平均电流强度与不同坡度的变化特征。从图中可以看出,总地闪和负地闪的平均电流强度随着坡度的升高,变化幅度很小,基本维持在 35~37 kA 和 31~33 kA;正地

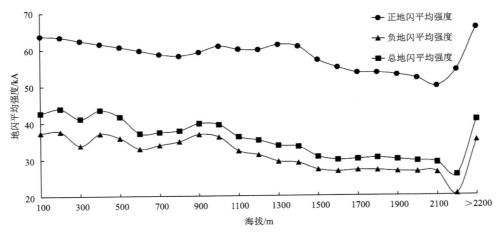

图 4.7.33　2014—2020 年内蒙古地闪强度与不同海拔高度的变化特征

闪在坡度为 0°时,平均电流强度最大,随后在 0~5°区间内缓慢下降,坡度>5°后平稳维持在 57 kA 左右,说明坡度对地闪强度的影响不大。

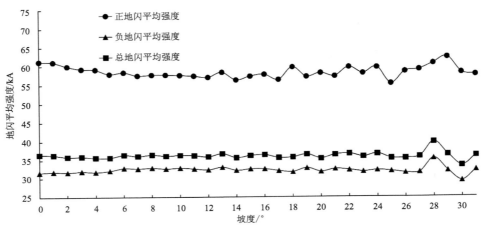

图 4.7.34　2014—2020 年内蒙古地闪强度与不同坡度的变化特征

(3)坡向对地闪强度的影响

图 4.7.35 为地闪强度与不同坡向的变化特征。从图中可以看出,坡向对地闪强度的影响不大,各个

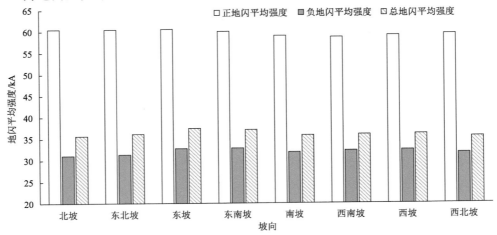

图 4.7.35　2014—2020 年内蒙古地闪强度与不同坡向的变化特征

坡向的地闪强度波动非常小。正地闪平均电流强度主要集中在 $59\sim60$ kA,在东坡达到最大值 60.5 kA,在南坡为最小值 58.6 kA。负地闪平均电流强度主要集中在 $31\sim32$ kA 之间,同样在东坡达到最大值 32.8 kA,在北坡为最小值 30.1 kA。

(4)地形起伏度对地闪强度的影响

图 4.7.36 为地闪强度与地形起伏度的变化特征。从图中可以看出,总地闪和负地闪的平均强度在不同地形起伏度区间变化不大,基本维持在 $35\sim37$ kA 和 $31\sim33$ kA;正地闪随着地形起伏度的增加而缓慢下降,这一变化特征与坡度相似,说明地形起伏度对地闪强度的影响不大。

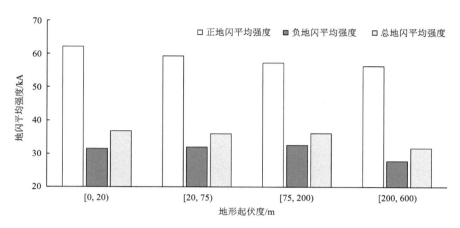

图 4.7.36　2014—2020 年内蒙古地闪强度与地形起伏度的变化特征

4.7.2　致灾危险性评估

按照层次分析法或熵值法确定各因子的权重。根据致灾危险性指数 R_H 计算结果,按照自然断点法将危险性指数 R_H 划分为 4 级,并绘制致灾危险性等级分布图。分布图根据划定的等级范围分别予以着色,具体要求见表 4.7.5。

表 4.7.5　致灾危险性等级分布图配色表

等级	级别含义	颜色	色值(CMYK 值)
Ⅰ级	高等级		40,45,40,0
Ⅱ级	较高等级		30,30,25,0
Ⅲ级	较低等级		0,0,0,16
Ⅳ级	低等级		0,0,0,0

从内蒙古自治区雷电灾害致灾危险性等级区划(图 4.7.37)可以看出,雷电灾害高危险区和较高危险区集中分布在内蒙古自治区中西部地区,包括鄂尔多斯市东部、包头市中南部、呼和浩特市北部和南部以及乌兰察布市西南部,结合内蒙古自治区地形分布来看,高风险区域主要位于阴山山脉以南,该区域需要加强雷电防御工作。此外,在呼伦贝尔市中南部地区也有雷电灾害较高风险区的分布。

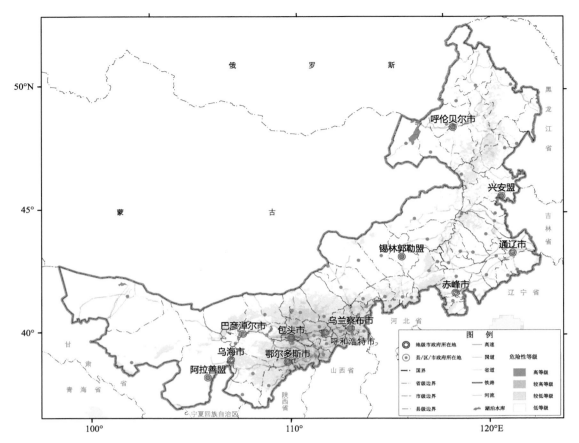

图 4.7.37　内蒙古自治区雷电灾害致灾危险性等级区划

4.8　雪灾

4.8.1　雪灾历史灾情分析

　　内蒙古大部分地区属于温带大陆性气候,具有冬季漫长严寒,降雪期和积雪期长的气候特点,呼伦贝尔市和锡林郭勒盟北部降雪期和积雪期一般在10月下旬至4月下旬即进入,这为形成雪灾提供了气候条件。雪灾是内蒙古主要的气象灾害之一,如3.8.1节中所述,按内蒙古雪灾承灾体进行划分,内蒙古雪灾可以分为三类:一是对牧区生产影响较大的雪灾,即白灾;二是对设施农业、道路交通、电力设施影响较大的雪灾;三是地面形成积雪,方向难辨,加之降雪时能见度极差,造成人员或牲畜走失,或者造成交通事故的雪灾。

　　从造成的损失来看,牧区白灾(第一类雪灾)造成的经济损失最多。畜牧业是内蒙古主要经济产业,受雪灾影响最大,21世纪以前,牧区基础设施建设不足,防灾减灾能力差,白灾发生后牧区牲畜死亡动辄十几万头甚至几十万头。以1977年10月末至1978年3月初内蒙古东部牧区白灾为例,1977年10月末内蒙古中东部普降暴雪,乌兰察布市及其以东牧区形成"坐冬雪",造成严重白灾,牧民长期不能出牧,乌兰察布市、锡林郭勒盟共死亡牲畜200多万头(只)。

对各类设施影响较大的雪灾(第二类雪灾)在历史上造成的经济损失虽然不及第一类雪灾,但容易造成停产停工等次生灾害,危害也很大。以 2021 年 11 月中旬内蒙古东部雪灾为例,此次雪灾覆盖了锡林郭勒盟及其以东大部分地区,主要承灾体为设施农业、牧区棚圈、工业厂房,据统计仅通辽市奈曼旗就有受损养殖棚舍 1970 座、草料库 475 座、蔬菜大棚 398 座、工厂厂房 17 座、7 所小学房舍,造成直接经济损失 5703.93 万元。第三类雪灾总体上造成损失较小,尤其是随着防范措施的完善,因雪灾造成人员走失的情况已经鲜有发生。

从发生频率来看(统计时段为 1980—2021 年,此时段灾情收集数据相对较全),全区平均每年发生 2 次各种类型的雪灾,牧区白灾(第一类雪灾)的发生频率接近每年 1 次,造成各类基础设施损失的雪灾(第二类雪灾)的发生频率接近每 2 年 1 次。第三类雪灾的发生频率总体上与第二类雪灾相当。从发生次数和影响范围的时间变化来看,自 20 世纪 80 年代以来雪灾发生次数和影响范围(本书以影响旗县数为代表)总体上有下降和减小的趋势(图 4.8.1)。白灾(第一类雪灾)和第三类雪灾变化趋势与总体变化趋势基本一致,这两类雪灾次数下降、影响范围减小的原因可能为随着牧区基础设施建设投入增多,防灾减灾能力和意识的加强,成灾率逐渐减小。对设施农业、电力系统、工业设施影响较大的雪灾(第二类雪灾)呈现相反变化趋势,发生次数呈现增加趋势、发生范围呈现扩大趋势,可能原因是随着社会经济的发展,设施农业数量增加、电力系统规模扩大、工业设施数量增加,雪灾对上述承灾体的影响加强(图 4.8.2～4.8.4)。从空间分布上看(图 4.8.5),雪灾发生频率呈现东多西少的趋势,呼伦贝尔市西部、锡林郭勒盟东北部、赤峰市西北部发生频率较高。

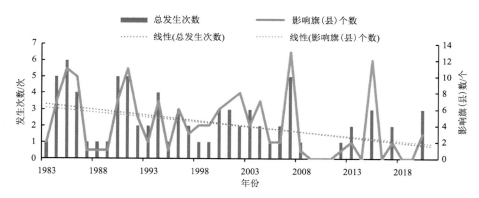

图 4.8.1 1983—2021 年内蒙古雪灾总次数和影响旗(县)数历年变化

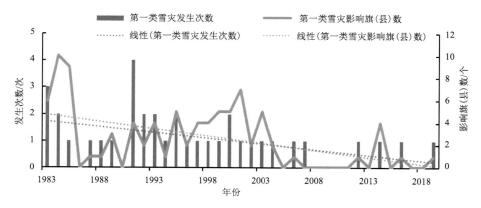

图 4.8.2 1983—2021 年内蒙古白灾次数和影响旗(县)数历年变化

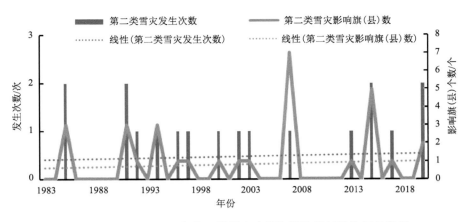

图 4.8.3　1983—2021 年第二类雪灾次数和影响旗(县)数历年变化

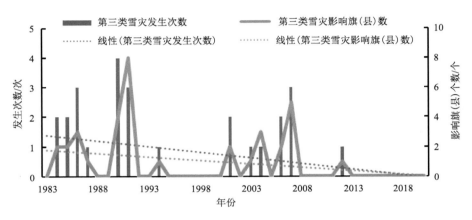

图 4.8.4　1983—2021 年第三类雪灾次数和影响旗(县)数历年变化

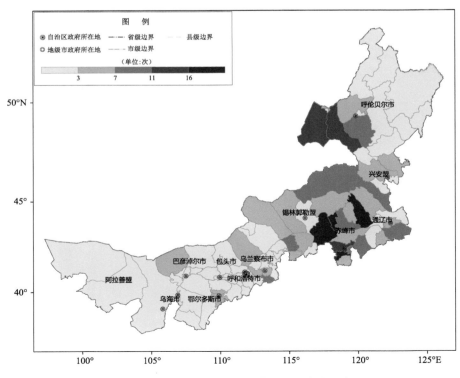

图 4.8.5　1980—2021 年内蒙古雪灾发生频次

4.8.2　致灾因子特征分析

内蒙古大部分地区属于温带大陆性气候,具有冬季漫长严寒,降雪期和积雪期长的气候特点,这为形成雪灾提供了气候条件。所谓降雪期指降雪初日和终日之间的天数,全区降雪期一般在 100～250 d。但实际上内蒙古各地冬季受蒙古高压控制天数较多,实际的降雪日数在降雪期中所占的比例不高。有降雪不一定形成积雪,因此各地历年积雪日数要少于降雪日数。内蒙古雪灾致灾因子主要包括积雪日数、降雪日数、最大积雪深度、降雪量。对于牧区白灾来说,积雪日数、降雪日数是两个主导因子,从历年灾情描述来看,呼伦贝尔市、锡林郭勒盟牧区一旦出现积雪难以融化且积雪期降雪过程频发的情况就会威胁到牧区牲畜安全,积雪日数、降雪日数越多,成灾的概率越高。上述牧区,若当年 11 月中旬气温较低且出现降雪量较大天气过程,则可能出现积雪持续到第二年春季的"坐冬雪",并形成灾情严重的白灾。2010 年后,通辽市南部、赤峰市南部、鄂尔多斯市南部 11 月、3—4 月极端降雪的次数增多,造成上述地区第二类雪灾(承灾体为设施农业、电力设施、工业设施等的雪灾)次数增多,从实际灾情统计来看,过程降雪量越大、最大积雪深度的值越大,造成的灾情越严重。下面将详细分析内蒙古积雪日数、降雪日数、最大积雪深度、降雪量、降雪日数等致灾因子的时空分布特征。

1. 积雪日数

1961—2021 年,内蒙古各地积雪日数的最小值为 0 d,即一些地区的某些年份无积雪,这些地区主要为阿拉善盟和巴彦淖尔市西部,如额济纳旗、拐子湖两站近 3 成的年份无积雪。积雪日数的最大值为 245 d,出现在兴安盟阿尔山站(2021 年),积雪日数的次大值为 188 d(1984 年),出现在呼伦贝尔市图里河站。内蒙古各地积雪日数的常年值(1991—2020 年平均值)在 5 d(额济纳旗、拐子湖)至 157 d(阿尔山市)(图 4.8.6),呼伦贝尔市大部、兴安盟西北部、锡林郭勒盟东部在 90 d 以上,兴安盟中部、赤峰市西北部、锡

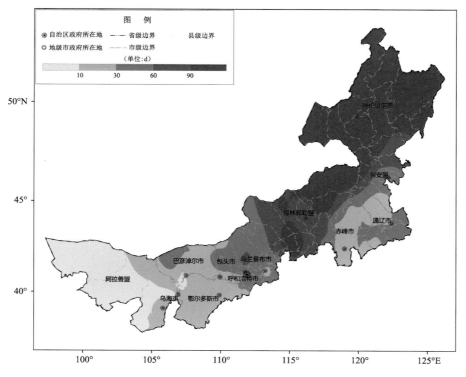

图 4.8.6　1991—2020 年内蒙古平均积雪日数

林郭勒盟西部在 60～90 d,兴安盟南部、赤峰市东北部、通辽市南部、乌兰察布市大部、包头市北部、呼和浩特市北部在 30～60 d,通辽市中部、赤峰市中南部、包头市南部、呼和浩特市南部、鄂尔多斯市、巴彦淖尔市大部、乌海市在 30～60 d,阿拉善盟大部在 10 d 以下。

从时间变化上看,全区平均积雪日数略有增加的趋势(图 4.8.7),但全区各地积雪日数变化差异较大,东部通辽市库伦旗积雪日数变化率为 0.4 d·a^{-1},即每 10 年积雪日数增加 4 d(图 4.8.8),西部阿拉善左旗积雪日数变化率为 −0.6 d·a^{-1},即每 10 年积雪日数减少 6 d(图 4.8.9)。全区积雪日数变化率空间分布(图 4.8.10)显示,除呼伦贝尔市北部以外,内蒙古中东部大部分地区积雪日数呈现增加趋势,增加最为明显的地区为呼伦贝尔市南部、通辽市中南部、赤峰市大部;西部大部分地区积雪日数呈现减少趋势,减少最为明显的地区为鄂尔多斯市西部、巴彦淖尔市西南部、阿拉善盟东南部和西部。

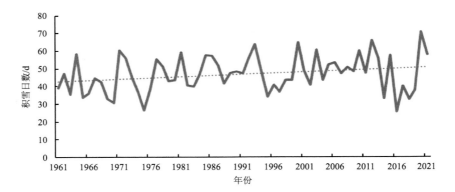

图 4.8.7   1961—2021 年内蒙古平均积雪日数历年变化

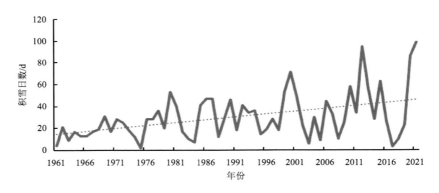

图 4.8.8   1961—2021 年内蒙古库伦旗积雪日数历年变化

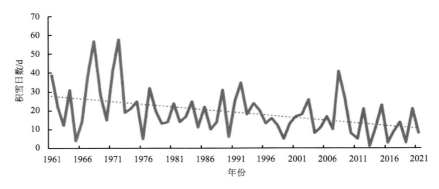

图 4.8.9   1961—2021 年内蒙古阿拉善左旗积雪日数历年变化

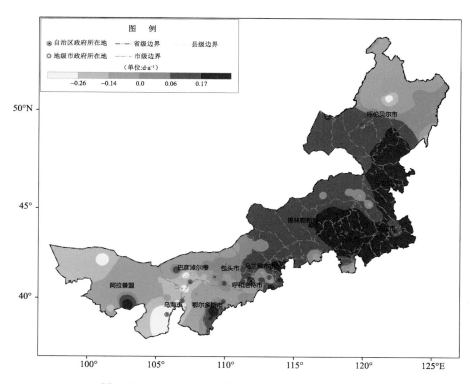

图 4.8.10　1961—2021 年内蒙古积雪日数变化趋势

2. 降雪日数

1961—2021 年,内蒙古各地降雪日数的最小值为 0 d,这些地区主要为阿拉善盟和巴彦淖尔市西部。降雪日数的最大值为 130 d,出现在兴安盟阿尔山站(1984 年)。内蒙古各地降雪日数的常年值(1991—2020 年平均值)在 2 d(拐子湖)至 213 d(图里河市),大兴安岭沿线降雪日数最多,在 30 d 以上,呼伦贝尔市大兴安岭的岭东和岭西地区、兴安盟中部、通辽市北部、赤峰市北部、锡林郭勒盟北部、乌兰察布市中部在 20～30 d,兴安盟南部、通辽市大部、赤峰市中南部、呼和浩特市及其以西的大部分地区,降雪日数在 20 d 以下,巴彦淖尔市南部、鄂尔多斯市西部、阿拉善盟不足 10 d(图 4.8.11)。

从时间变化上看,全区平均降雪日数无明显变化趋势(图 4.8.12),但全区各地降雪日数变化差异较大,东部锡林郭勒盟乌拉盖变化率为 1.1 d·a^{-1},即每 10 年降雪日数增加 11 d(图 4.8.13),西部鄂尔多斯市伊克乌素降雪日数变化率为 -2.4 d·a^{-1},即每 10 年降雪日数减少 24 d(图 4.8.14)。全区降雪日数变化率空间分布(图 4.8.15)显示,降雪日数增加的区域主要为呼伦贝尔市西部、通辽市、赤峰市中北部、锡林郭勒盟、乌兰察布市北部、阿拉善盟西北部,其余大部分地区呈现减少趋势。

3. 降雪量

年降雪量统计结果显示,1961—2021 年,内蒙古各地年降雪量的最小值为 0.0 mm,额济纳旗、拐子湖、雅布赖、乌拉特后旗、磴口、杭锦后旗、吉兰泰、李井滩、临河 9 站某些年份无降雪。年降雪量最大值为 199.3 mm,2021 年出现在阿尔山。

内蒙古各地年降雪量常年值(1991—2020 年平均值)在 2.3 mm(额济纳旗)～100.6 mm(阿尔山)(图 4.8.16),呼伦贝尔市中北部、兴安盟西北部降雪量在 50 mm 以上,呼伦贝尔市西部和东南部、兴安盟中部、锡林郭勒盟大部、赤峰市中西部、乌兰察布市大部在 30～50 mm,巴彦淖尔市西南部、鄂尔多斯市西北部、阿拉善盟大部不足 10 mm,其余地区在 10～30 mm。

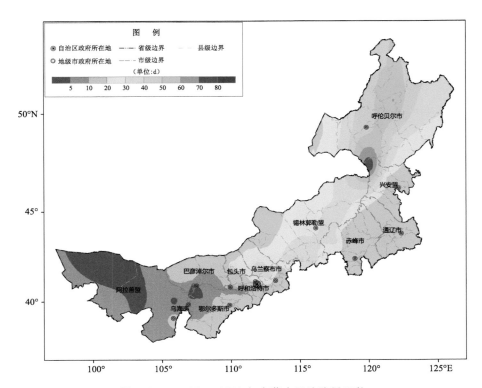

图 4.8.11　1991—2020 年内蒙古平均降雪日数

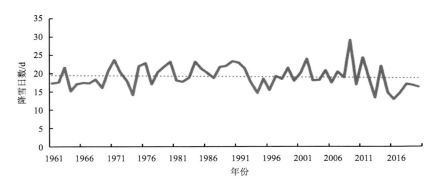

图 4.8.12　1961—2021 年内蒙古平均降雪日数历年变化

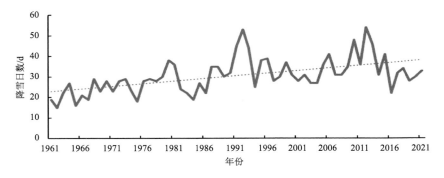

图 4.8.13　1961—2021 年内蒙古锡林郭勒盟乌拉盖降雪日数历年变化

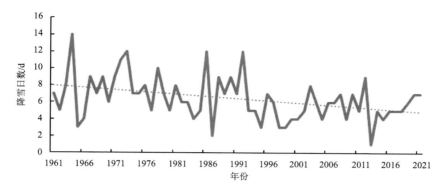

图 4.8.14　1961—2021 年内蒙古鄂尔多斯市伊克乌素降雪日数历年变化

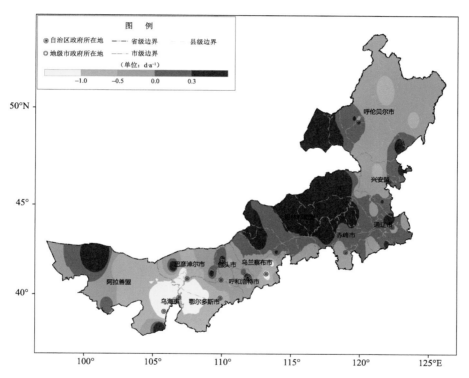

图 4.8.15　1961—2021 年内蒙古年降雪日数变化趋势

　　从时间变化上看,年降雪量全区平均值呈现增加的趋势(图 4.8.17),全区大部分地区年降雪量均呈现增加趋势(图 4.8.18),增加趋势最为明显的地区为呼伦贝尔市西部、锡林郭勒盟西北部、通辽市西南部、阿拉善盟西南部;呈现减少趋势的地区主要为呼伦贝尔市北部、通辽市北部、乌兰察布市南部、呼和浩特市中南部、鄂尔多斯市西部、阿拉善盟中西部。

　　日降雪量统计结果显示,1961—2021 年,内蒙古各地日降雪量极大值在 6.4 mm(阿拉善盟额济纳旗,2000 年 4 月 13 日)~73.2 mm(赤峰市喀喇沁旗,1994 年 5 月 3 日)。呼伦贝尔市南部、兴安盟北部、通辽市南部、赤峰市西北部和中南部、乌兰察布市南部在 40 mm 以上,其中赤峰市南部在 50 mm 以上;呼伦贝尔市中东部、兴安盟南部、通辽市北部、阿拉善盟中东部、包头市北部、呼和浩特市大部在 30~40 mm;其余大部分地区低于 30 mm,其中阿拉善盟大部低于 20 mm(图 4.8.19)。

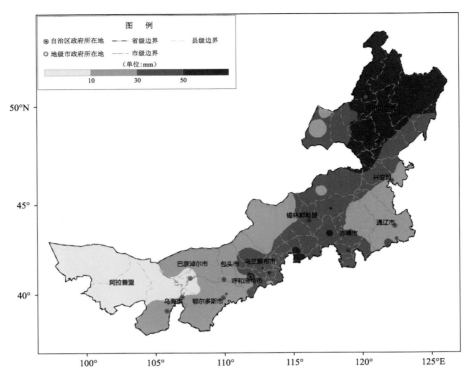

图 4.8.16　1991—2020 年内蒙古年降雪量

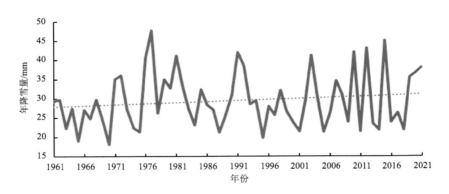

图 4.8.17　1961—2021 年内蒙古年平均降雪量历年变化

从全区各站日降雪量历年最大值变化分布图（图 4.8.20）上看,呼伦贝尔市南部、兴安盟北部、通辽市中南部、赤峰市大部、锡林郭勒盟西北部、乌兰察布市南部及四子王旗北部、呼和浩特市南部、包头市北部、呼和浩特市南部、鄂尔多斯市中南部、阿拉善盟东部日降雪量历年最大值呈现增加趋势,其中通辽市南部、锡林郭勒盟西北部、鄂尔多斯市南部、阿拉善盟东南部增加最为明显。阿拉善盟巴彦诺尔公日站降雪量历年最大值变化率为 1.6 mm·a⁻¹,即每 10 年增加 16 mm,1961—2014 年 54 年间共有 8 个年份日降雪量最大值超过 6 mm,其中有 4 个年份在 2015 年之后（图 4.8.21）。鄂尔多斯市乌审旗 2006 年以前日降雪量未超过 15 mm,2006 年后有 4 个年份的日降雪量的最大值超过了 15 mm（图 4.8.22）。通辽市库伦旗 2003 年以前日降雪量未超过 21 mm,2003 年后有 5 个年份的日降雪量的最大值超过了 21 mm（图 4.8.23）。

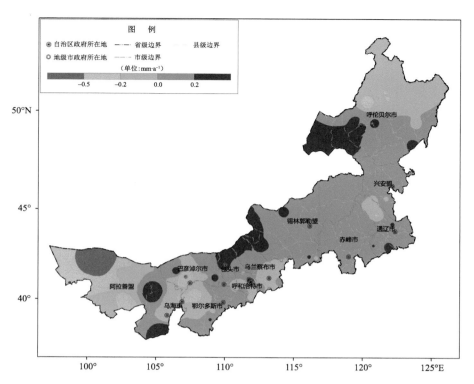

图 4.8.18　1961—2021 年内蒙古年降雪量变化趋势

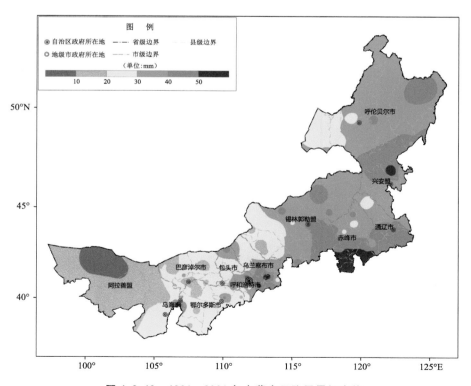

图 4.8.19　1961—2021 年内蒙古日降雪量极大值

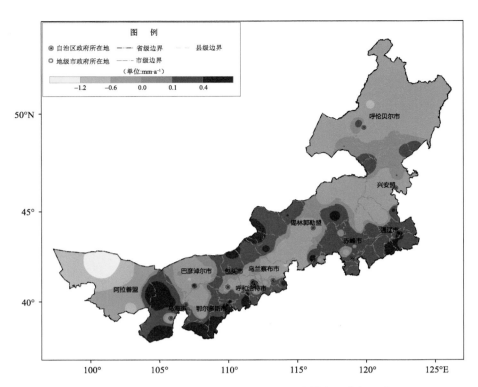

图 4.8.20　1961—2021 年内蒙古日降雪量最大值变化趋势

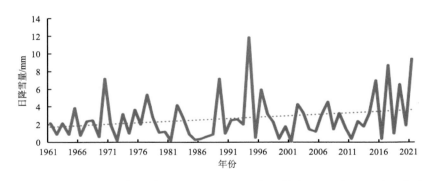

图 4.8.21　1961—2021 年内蒙古阿拉善盟巴彦诺尔公苏木日降雪量最大值历年变化

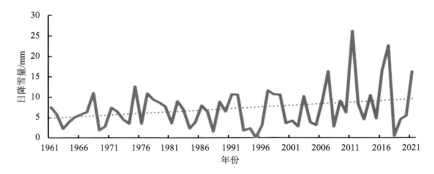

图 4.8.22　1961—2021 年内蒙古鄂尔多斯市乌审旗日降雪量最大值历年变化

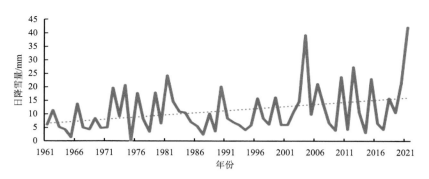

图 4.8.23　1961—2021 年内蒙古通辽市库伦旗日降雪量最大值历年变化

4. 最大积雪深度

1961—2021 年,内蒙古各地最大积雪深度的极值在 6 cm(阿拉善雅布赖)至 100 cm(通辽市开鲁县)。日降雪量极大值在 6.4 cm(阿拉善盟额济纳旗,2000 年 4 月 13 日)至 73.2 cm(赤峰市喀喇沁旗,1994 年 5 月 3 日)之间。从积雪深度极值空间分布图(图 4.8.24)上可以看出,呼伦贝尔市北部、通辽市中南部、锡林郭勒盟西南部超过 40 cm,其中呼伦贝尔市东北部、通辽市中南部、锡林郭勒盟西南局部地区超过 50 cm;呼伦贝尔市中南部、锡林郭勒盟东北部、赤峰市南部在 30~40 cm;包头市及其以西大部分地区在 20 cm 以下;其余大部分地区在 20~30 cm。

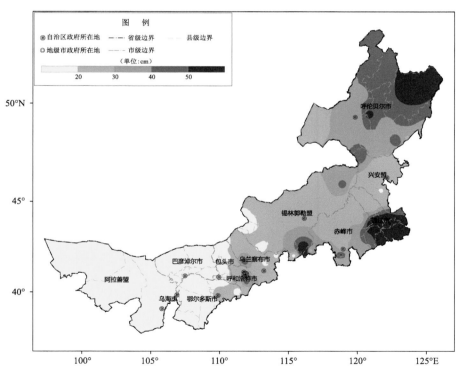

图 4.8.24　1961—2021 年内蒙古年最大积雪深度

从年最大积雪深度变化率分布图(图 4.8.25)上可以看出,锡林郭勒盟及其以东的大部分地区、乌兰察布市北部、鄂尔多斯市南部年最大积雪深度呈现增长趋势,锡林郭勒盟以东的大部分地区积雪深度呈现减少趋势。年最大积雪深度增加最为明显的地区为呼伦贝尔市除东北部以外区域、兴安盟北部、锡林郭勒盟大部,这些区域年最大积雪深度变化率大于 0.7 cm·a^{-1},即每 10 年的增长超过 7 cm(图 4.8.26)。年最大积雪深度呈现消减趋势最为明显的是巴彦淖尔市西南部、鄂尔多斯市西北部、阿拉善盟西北部,这些区域年最大积雪深度变化率小于$-1\ \mathrm{cm \cdot a^{-1}}$,即每 10 年消减超过 10 cm(图 4.8.27)。

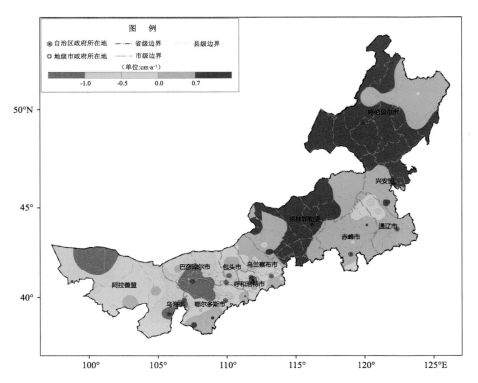

图 4.8.25 1961—2021 年内蒙古年最大积雪深度变化趋势

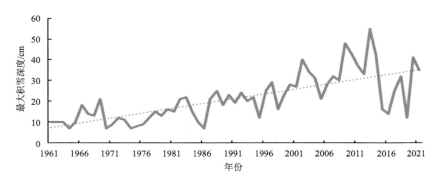

图 4.8.26 1961—2021 年内蒙古牙克石市年最大积雪深度历年变化

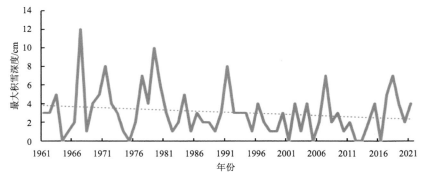

图 4.8.27 1961—2021 年内蒙古磴口县年最大积雪深度历年变化

5. 小结

(1)内蒙古雪灾致灾因子空间分布特征

内蒙古积雪日数、降雪日数、年降雪量常年值(1991—2020 年平均值)的空间分布趋势基本一致,都具有从南至北、从西至东逐渐增多或增大的趋势。最大积雪深度极值、日降雪量极值的分布整体来看具有从西至东逐渐增加的趋势,但南北分布无明显规律。值得注意的是,通辽市南部、赤峰市南部是最大积雪深度、日降雪量极值"大值区"重合的区域。

(2)内蒙古雪灾致灾因子时间变化特征

内蒙古东部大部分地区降雪日数增加、积雪日数增加,年最大积雪深度增加;内蒙古西部则相反,大部分地区降雪日数减少、积雪日数减少,最大积雪深度减小。说明内蒙古东部由于长期积雪造成白灾的危险性加强,内蒙古西部则减弱。

有一些特殊地区,阴山以南、大兴安岭以东地区的鄂尔多斯市南部、呼和浩特市南部、乌兰察布市南部、锡林郭勒盟西南部、赤峰市南部、通辽市西南部,降雪日数减少,但历年日降雪量的最大值增加,且积雪日数和最大积雪深度都呈现增加趋势,说明单次降雪过程的极端性增强。

4.8.3　致灾危险性评估

根据雪灾致灾危险性评估结果,综合考虑行政区划,采用自然断点法将致灾危险性进行空间单元划分,共分为 4 个等级,分别为高危险性(1 级)、较高危险性(2 级)、较低危险性(3 级)、低危险性(4 级),并绘制全区雪灾致灾危险区划图(图 4.8.28)。

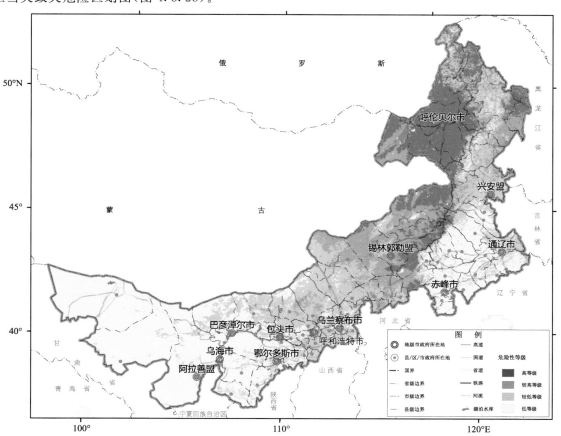

图 4.8.28　内蒙古自治区雪灾致灾危险性等级区划

从雪灾危险性等级图上来看,全区雪灾危险性具有从南至北、从西至东逐渐增大的趋势。高危险等级主要分布在呼伦贝尔市大兴安岭以西地区、兴安盟西北部、锡林郭勒盟东北部、锡林郭勒盟与赤峰市交界的大兴安岭沿山地带、赤峰市西北部。较高危险等级主要分布在呼伦贝尔市大兴安岭以东地区、兴安盟大部、通辽市北部、锡林郭勒盟中部、乌兰察布市北部、包头市偏北局部地区、巴彦淖尔市偏北局部地区。较低危险等级主要分布在兴安盟中南部、通辽市南部、赤峰市北部、锡林郭勒盟西北部、乌兰察布市中南部、呼和浩特市大部、包头市中北部、巴彦淖尔市北部、鄂尔多斯市东南部。较低危险等级主要分布在通辽市中部、赤峰市中南部、包头市南部、鄂尔多斯市中西部、巴彦淖尔市南部、乌海市、阿拉善盟大部。

4.9 沙尘暴

4.9.1 致灾因子特征分析

1. 沙尘日数变化特征

(1)扬沙日数年际、月变化特征

1978—2020 年内蒙古年平均扬沙日数为 204 d,单站最多年扬沙日数为 174 d,出现在 1979 年的吉兰泰;年平均扬沙日数出现最多的为乌斯太(58 d),其次为吉兰泰和雅布赖(50 d 和 47.6 d),年平均扬沙日数最少为根河市(0 d)。年扬沙日数呈明显减少趋势,平均每 10 年减少 30 d,1978—2013 年扬沙日数减少明显,2013—2020 年扬沙日数整体呈增加趋势。全区境内 2012 年扬沙日数最少,为 102 d,1982 年扬沙日数最多,为 298 d(图 4.9.1)。

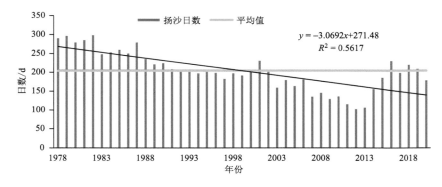

图 4.9.1　1978—2020 年内蒙古年平均扬沙日数

从扬沙的月变化特征来看(图 4.9.2),1978—2020 年内蒙古扬沙日数各月分布不均,5 月最多,43 a共有 1141 d,其次为 4 月,共 1113 d,明显高于其他月份。4 月、5 月扬沙日数占总日数的 25%,9 月是内蒙古扬沙日数最少的月份,为 463 d,仅占总日数的 5%。

(2)沙尘暴日数年际、月变化特征

1978—2020 年,内蒙古年平均沙尘暴日数为 86.6 d,单站最多年沙尘暴日数为 52 d,出现在 1983 年的鄂托克前旗;年平均沙尘暴日数出现最多的为拐子湖(17.2 d),其次为海力素和乌拉特后旗(15.9 d 和13 d),年平均沙尘暴日数最少为博克图、鄂伦春自治旗、图里河、根河市(0 d)。年沙尘暴日数呈明显减少趋势,平均每 10 年减少 12 d,1978—2013 年沙尘暴日数减少明显,2013—2020 年沙尘暴日数整体略呈增加趋势。全区境内 2013 年沙尘暴日数最少,为 36 d,1983 年沙尘暴日数最多,为 145 d(图 4.9.3)。

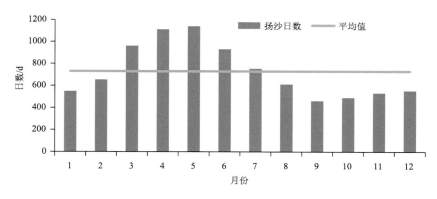

图 4.9.2　1978—2020 年内蒙古月平均扬沙日数分布

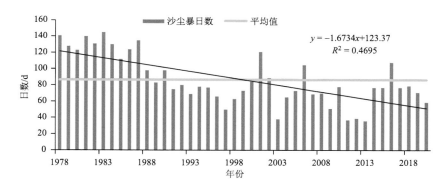

图 4.9.3　1978—2020 年内蒙古年平均沙尘暴日数

从沙尘暴的月变化特征来看(图 4.9.4),1978—2020 年内蒙古沙尘暴日数各月分布不均,4 月最多,43 a 共有 754 d,其次为 5 月,共 741 d,明显高于其他月份。3—5 月沙尘暴日数占全年总日数的 40.2%,9 月是内蒙古沙尘暴日数最少的月份,为 87 d,仅占全年总日数的 2.3%。

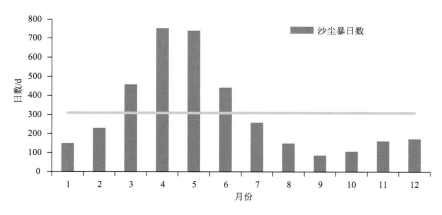

图 4.9.4　1978—2020 年内蒙古月平均沙尘暴日数分布

2. 沙尘发生频次变化特征

由 1978—2020 年内蒙古沙尘灾害日数分布图(图 4.9.5)可以看出,沙尘灾害发生日数总体表现为自西向东逐渐减少的趋势,内蒙古西部的大部分地区沙尘灾害总日数超过 730 d,西部偏西地区沙尘总日数超过 1200 d,沙尘灾害总日数高于 1600 d 的高值区位于阿拉善盟中部、巴彦淖尔市西部、乌海市和鄂尔多斯市西部。内蒙古中部的大部地区沙尘灾害总日数在 364～730 d,中部偏北地区存在一个超过 730 d 的小高发区。内蒙古中部偏东和东部地区整体沙尘灾害总日数低于 365 d。

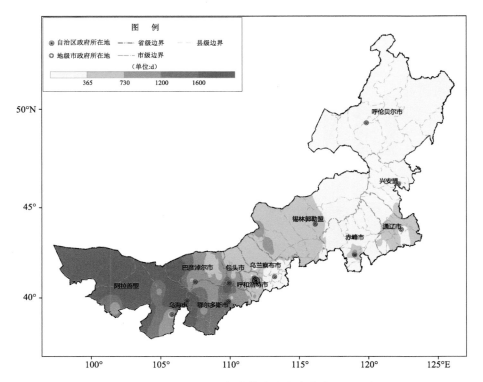

图 4.9.5　1978—2020 年内蒙古沙尘灾害发生总日数

由表 4.9.1 可以看出,1978—2020 年内蒙古不同强度沙尘天气日数的多年平均值从多到少依次为扬沙、浮尘、沙尘暴、特强沙尘暴、强沙尘暴,沙尘天气年累计天数最大值从多到少依次为扬沙、浮尘、特强沙尘暴、沙尘暴、强沙尘暴。

表 4.9.1　1978—2020 年内蒙古不同强度沙尘天气日数(单位:d)

项目	浮尘		扬沙		沙尘暴		强沙尘暴		特强沙尘暴	
	多年平均	最大值	多年平均	最大值	多年平均	最大值	多年平均	最大值	多年平均	最大值
全区	75	174	235	298	100	130	44.5	93	68.1	174

分析内蒙古不同强度沙尘天气日数的空间分布(图 4.9.6)可以看出,内蒙古各级别强度的沙尘天气分布均呈现西多东少的趋势。由图 4.9.6a 可见,内蒙古浮尘天气日数最多的区域为内蒙古西部偏中地区,阿拉善盟东部、巴彦淖尔市西部、乌海市、鄂尔多斯市西部浮尘日数超过 150 d,内蒙古中部地区浮尘天数多数在 90 d 以内,内蒙古东部大部分地区浮尘天数在 30 d 以内,但兴安盟北部和东部天数较多,可达 90 d 以上。由图 4.9.6b 可见,内蒙古扬沙日数是各类沙尘天气中最多的,与表 4.9.1 中年平均天数一致,且呈自西向东逐渐递减的趋势,内蒙古西部大部分地区扬沙天气日数都在 850 d 以上,阿拉善盟中部、乌海市、鄂尔多斯市西南部扬沙日数超过 1200 d,内蒙古中部地区除乌兰察布市南部、锡林郭勒盟东部地区扬沙日数低于 260 d 外,其余都在 260~560 d,内蒙古东部大多数地区扬沙日数均低于 260 d,仅东南部局部地区超过 260 d。由图 4.9.6c 可见,内蒙古沙尘暴日数在内蒙古西中部偏北和西部偏中地区存在超过 180 d 的大值区,阿拉善盟北部、巴彦淖尔市西部沙尘暴日数最大超过 300 d,内蒙古中部沙尘暴天数北多南少,内蒙古中部偏东和东部地区沙尘暴天数少于 60 d。由图 4.9.6d 可见,内蒙古强沙尘暴日数是各类沙尘天气中最少的,内蒙古西部强沙尘暴天数自西北向东南递减,日数超过 60 d 的大值区位于阿拉善盟中部偏北和巴彦淖尔市西北部,内蒙古中东部大部分地区强沙尘暴天数少于 5 d,仅中部偏西北和东部偏西南地区存在 5~15 d 的较高区域。由图 4.9.6e 可见,内蒙古特强沙尘暴日数大值区较为集中,主要集中

在内蒙古西部偏中地区,超过 160 d 的区域位于阿拉善盟东北部、巴彦淖尔市西部和鄂尔多斯市西北部,内蒙古西部偏东和中东部大部分地区特强沙尘暴日数均小于 15 d。

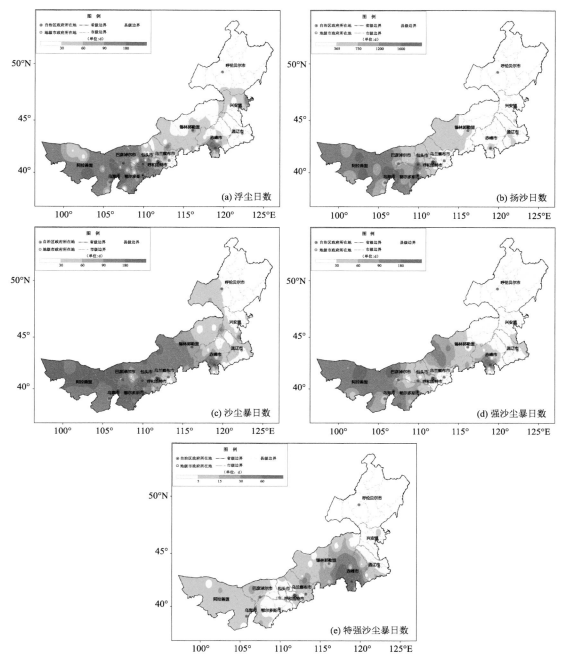

图 4.9.6 1978—2020 年内蒙古不同强度沙尘天气日数

3. 沙尘各季节发生频次变化特征

(1)浮尘各季节发生频次变化特征

由 1978—2020 年内蒙古自治区浮尘各季节发生频次占比变化特征可以看出(图 4.9.7),四季浮尘天气发生频次的变化趋势较平稳,春季(3—5 月)、秋季(9—11 月)和冬季(12 月—次年 2 月)呈很弱的上升趋势,夏季(6—8 月)呈很弱的下降趋势。此外,春季浮尘天气发生频次占比明显高于其他季节,大约占总次数的 50%,冬季、夏季和秋季占比分别为 20%、20% 和 10%。

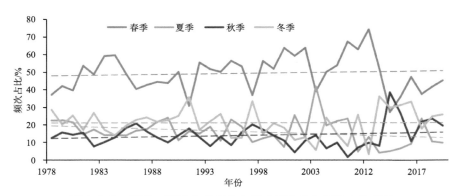

图 4.9.7　1978—2020 年各季节内蒙古浮尘发生频次占比变化

（2）扬沙各季节发生频次变化特征

由 1978—2020 年内蒙古自治区扬沙各季节发生频次占比变化特征可以看出（图 4.9.8），四季扬沙天气发生频次的变化趋势较显著，春季（3—5 月）呈显著上升且增长速率高于其他三季，夏季（6—8 月）、秋季（9—11 月）和冬季（12 月—次年 2 月）呈下降趋势。春季扬沙天气发生频次明显高于其他三个季节，为38.3％，其次是夏季，为 26.3％，秋季和冬季发生频次较少，分别为 16.6％和 18.8％。

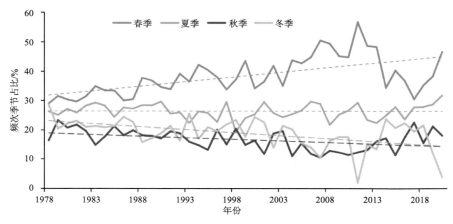

图 4.9.8　1978—2020 年内蒙古各季节扬沙发生频次占比变化

（3）沙尘暴各季节发生频次变化特征

1978—2020 年内蒙古自治区沙尘暴各季节发生频次占比变化特征可以看出（图 4.9.9），除春季沙尘暴发生频次占比随时间呈显著增加趋势外，其余三个季节均呈弱的减弱趋势。同样春季沙尘暴天气发生频次明显高于其他三季，为 54.3％，其次是夏季，为 21.9％，秋季和冬季发生频次较少，分别为 9.3％和 14.5％。

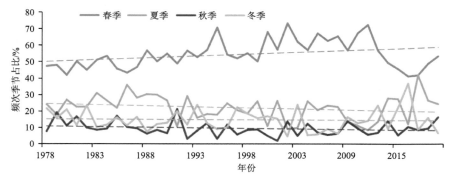

图 4.9.9　1978—2020 年内蒙古各季节沙尘暴发生频次占比变化

（4）强沙尘暴各季节发生频次（时间、空间）

由1978—2020年内蒙古自治区强沙尘暴各季节发生频次占比变化特征可以看出（图4.9.10），与沙尘暴趋势相似，即除了春季强沙尘暴发生频次占比随时间呈显著增加趋势外，其余三个季节均呈弱的减弱趋势。春季强沙尘暴天气发生频次明显高于其他三个季节，为61.4%，其次是冬季，为15.3%，夏季和秋季发生频次较少，分别为12.8%和10.5%。

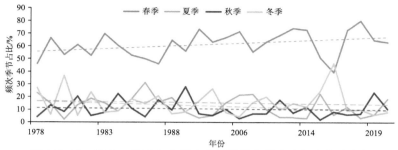

图 4.9.10　1978—2020 年内蒙古各季强沙尘暴发生频次占比变化

4.9.2　致灾危险性评估

内蒙古自治区沙尘暴灾害危险性评估结果（图4.9.11）表明，沙尘暴灾害致灾危险性总体呈西高东低分布趋势。阿拉善盟，巴彦淖尔市，乌海市，鄂尔多斯市东胜区、达拉特旗、准格尔旗、鄂托克旗、鄂托克前旗、杭锦旗、乌审旗，包头市九原区、土默特右旗、固阳县、达尔罕茂明安联合旗，呼和浩特市赛罕区、土默特

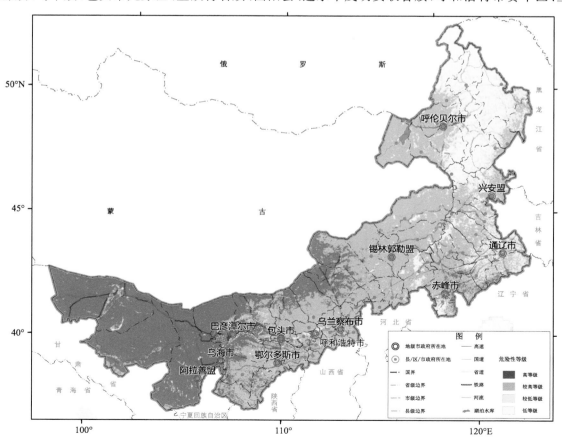

图 4.9.11　内蒙古自治区沙尘暴灾害致灾危险性等级区划

左旗、托克托县、和林格尔县,乌兰察布市四子王旗,锡林郭勒盟二连浩特市、锡林浩特市、阿巴嘎旗、苏尼特左旗、苏尼特右旗、东乌珠穆沁旗、镶黄旗,赤峰市红山区、元宝山区、松山区、阿鲁科尔沁旗、巴林左旗、巴林右旗、翁牛特旗、喀喇沁旗、宁城县、敖汉旗,通辽科尔沁左翼后旗、库伦旗、奈曼旗沙尘暴灾害致灾危险性等级为 I 级,致灾危险性为高。呼和浩特市新城区、回民区、玉泉区、清水河县、武川县,包头市东河区、昆都仑区、青山区、石拐区、白云鄂博矿区,赤峰市林西县、克什克腾旗,通辽市科尔沁区、科尔沁左翼中旗、开鲁县、扎鲁特旗、霍林郭勒市,鄂尔多斯市康巴什区、伊金霍洛旗,呼伦贝尔市海拉尔区、扎赉诺尔区、阿荣旗、莫力达瓦达斡尔族自治旗、鄂伦春自治旗、鄂温克族自治旗、陈巴尔虎旗、新巴尔虎左旗、新巴尔虎右旗、满洲里市、牙克石市、扎兰屯市、额尔古纳市,乌兰察布市集宁区、卓资县、化德县、商都县、兴和县、凉城县、察哈尔右翼前旗、察哈尔右翼中旗、察哈尔右翼后旗、丰镇市,兴安盟,锡林郭勒盟西乌珠穆沁旗、太仆寺旗、正镶白旗、正蓝旗、多伦县沙尘暴灾害致灾危险性等级为 II 级,致灾危险性为较高。呼伦贝尔市根河市的沙尘暴灾害致灾危险性等级为 III 级,致灾危险性为较低;其余地区为低等级。

4.10 气象灾害综合危险性 ▶▶▶▶

　　内蒙古暴雨、干旱、高温、低温、大风、冰雹、雪灾、雷电和沙尘暴 9 种气象灾害的综合危险性评估结果表明,内蒙古自治区气象灾害综合危险性分布总体呈"北高南低"的空间分布特征,主要表现为在生态脆弱的牧业区,气象灾害综合危险性较高,而农区的综合危险性则相对较低(图 4.10.1)。

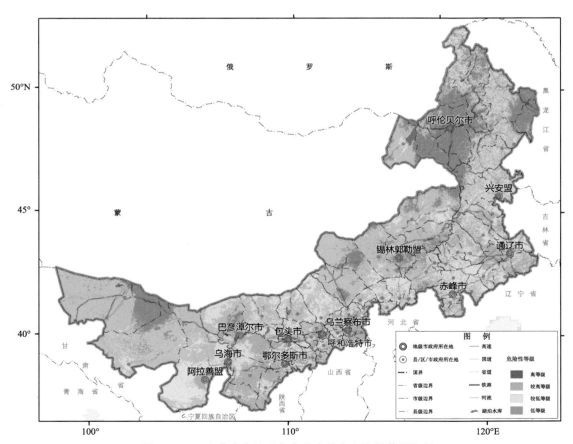

图 4.10.1 内蒙古自治区气象灾害综合危险性等级区划

第 5 章

风险评估与区划

5.1 暴雨

5.1.1 人口风险评估与区划

基于内蒙古暴雨灾害人口风险评估指数,绘制内蒙古自治区暴雨灾害人口风险区划图(图 5.1.1)。可以看出,内蒙古暴雨灾害人口风险空间分布特征与其人口密度空间分布特征相类似,即人口越集中的地区,其受灾人口风险越高。内蒙古暴雨灾害人口风险主要集中在城区以及河流或山洪沟河道附近,其中暴雨灾害人口风险高等级区主要位于呼伦贝尔市东南部、兴安盟东部、通辽市、赤峰市、乌兰察布市南部、呼和浩特市中部等城区和主要河流河道附近,以及包头市南部、鄂尔多斯市东北部和巴彦淖尔市南部等城区和沿黄河附近地区,其他地区相对较低。

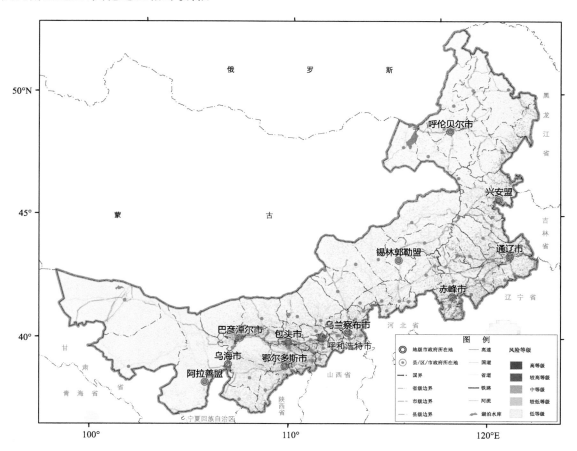

图 5.1.1 内蒙古自治区暴雨灾害人口风险等级区划

5.1.2 GDP 风险评估与区划

基于内蒙古暴雨灾害 GDP 风险评估指数,绘制内蒙古自治区暴雨灾害 GDP 风险区划图(图 5.1.2)。可以看出,内蒙古暴雨灾害 GDP 风险空间分布特征与其 GDP 密度空间分布特征基本一致,即 GDP 越集中的地区,其GDP损失风险越高。内蒙古暴雨灾害GDP风险主要集中在城区,其中暴雨灾害GDP风险高等级区主要位于呼伦贝尔市东南部、兴安盟东部、通辽市中部、赤峰市南部、呼和浩特市中部等城区和主要河流河道附近,以及包头市南部、鄂尔多斯市北部和巴彦淖尔市南部等城区和沿黄河附近地区,其他地区相对较低。

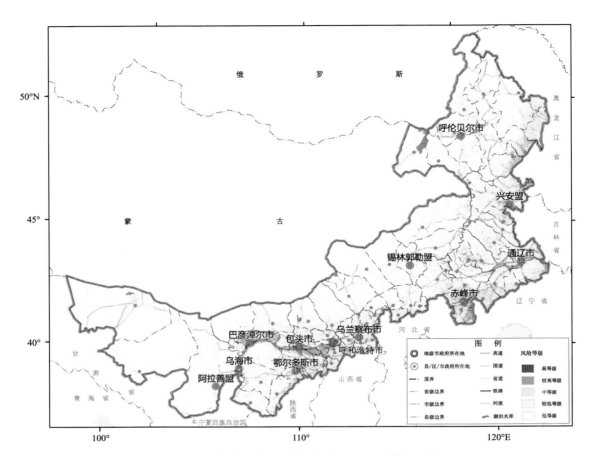

图 5.1.2　内蒙古自治区暴雨灾害 GDP 风险等级区划

5.1.3　农作物风险评估与区划

　　基于内蒙古暴雨灾害小麦、玉米和水稻的风险评估指数,分别绘制内蒙古自治区暴雨灾害小麦、玉米和水稻风险区划图(图5.1.3～图5.1.5)。可以看出,内蒙古暴雨灾害小麦、玉米和水稻风险空间分布分别与小麦、玉米和水稻暴露度指数的空间分布基本一致,主要集中在三大农作物种植区。内蒙古暴雨灾害小麦高风险区主要位于呼伦贝尔市中部偏北、赤峰市中部偏西、乌兰察布市中部、呼和浩特市北部、包头市中部、巴彦淖尔市河套地区西部的小麦种植区;内蒙古暴雨灾害玉米高风险区主要位于呼伦贝尔市东南部、兴安盟东部、通辽市中部、赤峰市东南部、呼和浩特市中部,以及包头市、鄂尔多斯市北部、巴彦淖尔市东南部沿黄河附近的玉米种植区;内蒙古暴雨灾害水稻高风险区范围很小,主要位于兴安盟扎赉特旗中部偏南、兴安盟乌兰浩特市西部和科尔沁右翼前旗中部偏南、赤峰市翁牛特旗西拉木伦河和老哈河河道附近、鄂尔多斯市达拉特旗北部等水稻种植区,而三大农作物其他种植区的暴雨灾害风险则相对较低。

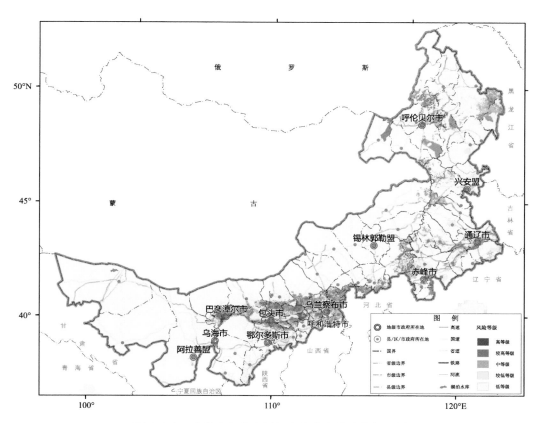

图 5.1.3 内蒙古自治区暴雨灾害小麦风险等级区划

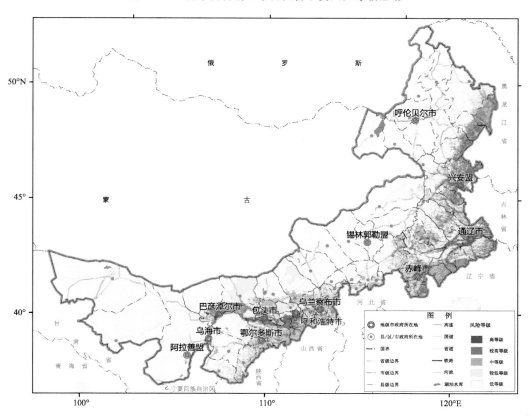

图 5.1.4 内蒙古自治区暴雨灾害玉米风险等级区划

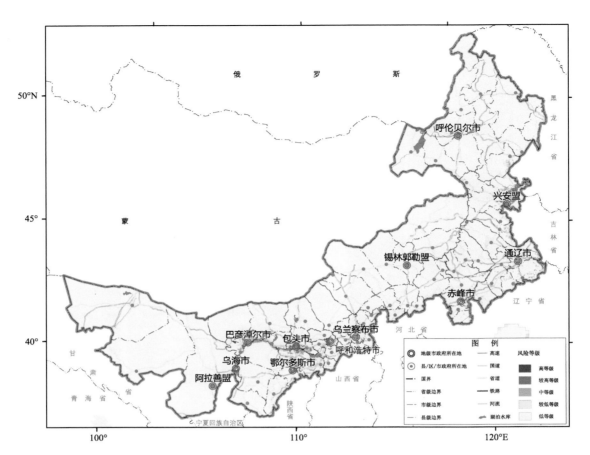

图 5.1.5　内蒙古自治区暴雨灾害水稻风险等级区划

5.2　干旱

5.2.1　人口风险评估与区划

内蒙古干旱灾害人口风险空间分布如图 5.2.1 所示。可以看出，内蒙古大部地区干旱灾害人口风险均为低等级，高等级、较高等级和中等级主要集中在大兴安岭以东、阴山以南人口较为密集的城镇。

5.2.2　GDP 风险评估与区划

内蒙古干旱灾害 GDP 风险空间分布如图 5.2.2 所示。与内蒙古干旱灾害人口风险等级分布相似，内蒙古大部地区干旱灾害 GDP 风险均为低等级，中等级以上主要集中在大兴安岭以东、阴山以南城镇地区，此外，呼伦贝尔市陈巴尔虎、额尔古纳市一带干旱灾害 GDP 风险也达到了中等级以上。

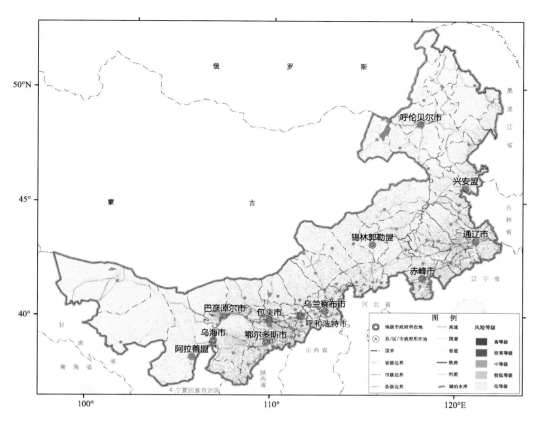

图 5.2.1 内蒙古自治区干旱灾害人口风险等级区划

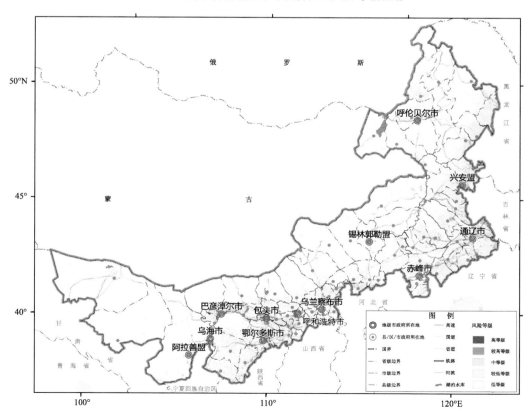

图 5.2.2 内蒙古自治区干旱灾害 GDP 风险等级区划

5.2.3 农作物风险评估与区划

5.2.3.1 玉米

按照灾害系统理论确定的技术方法,分别计算玉米干旱的致灾因子危险性、孕灾环境敏感性、承载体易损性3个因子,并确定分级指标,通过层次分析法或专家打分法最终确定内蒙古玉米干旱风险评估模型:

$$R_{ym} = 0.2 \times H + 0.7 \times (1-E) + 0.1 \times V$$

按照《干旱灾害调查与风险评估技术规范》要求,采用自然断点法将干旱灾害玉米风险划分为5个等级,分别对应低风险区、较低风险区、中风险区、较高风险区和高风险区。内蒙古干旱灾害玉米风险等级空间分布如图5.2.3所示。

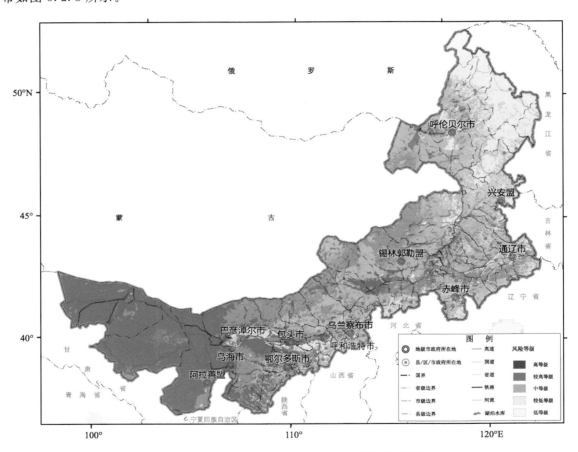

图 5.2.3 内蒙古自治区干旱灾害玉米风险等级区划

1. 低风险区

占内蒙古全区总面积的4.9%,分布在内蒙古东部4个盟(市)的偏东地区、河套地区、呼和浩特市和鄂尔多斯市沿黄河地区,大多为较为零散的分布。呼伦贝尔市和兴安盟北部地区玉米干旱致灾因子危险性最低,兴安盟其余地区、通辽市北部和南部、赤峰市南部为较低,虽然通辽市中部和赤峰市北部干旱风险性为较高,但该地区有部分区域距离河流较近,有较好的灌溉能力,因此玉米干旱风险为低;内蒙古西部地区,玉米致灾因子危险性基本都是较高和高,但该区域可以引用黄河水进行灌溉,因此干旱不会对玉米构成威胁。

2. 较低风险区

占内蒙古全区总面积的 13.7%,与低风险区基本交错分布。较低风险区的东部地区,一般距离河流稍远,坡度相对平坦,自然降水条件也相对较好;较低风险区的西部地区,自然降水条件较差,但引用黄河水灌溉的能力只略差于低风险区。因此,该区域干旱对玉米构成的威胁并不大,比较适合玉米的种植。

3. 中等风险区

占内蒙古全区总面积的 30.6%,主要分布在呼伦贝尔市西部、兴安盟中南部、通辽市北部、赤峰市北部、乌兰察布市南部等地。该区域自然降水条件一般,基本不具备灌溉条件,部分地区土壤保水能力也较差。因此,该区域可适当种植玉米,但需要采取一定的农业技术措施,防御干旱风险。

4. 较高风险区

占内蒙古全区总面积的 22.9%,主要分布在锡林郭勒盟大部地区、乌兰察布市北部、呼和浩特市大部、鄂尔多斯市中部、巴彦淖尔市北部。该区域自然降水较少,且没有灌溉条件,或是土壤质地较差不利于保水。本区域基本不建议种植玉米,或种植一些较为抗旱的品种。

5. 高风险区

占内蒙古全区总面积的 28.0%,主要分布在阿拉善盟大部、巴彦淖尔市西北部、鄂尔多斯市南部和西北部。该区域自然降水少,水分亏缺量多,无灌溉条件,且土壤以砂土为主,涵养水分能力极差,发生玉米干旱的风险极高。因此,本区域不建议种植玉米,宜改种其他耐旱作物,或适当退耕,发展其他产业。

5.2.3.2 小麦

春小麦干旱灾害风险区划主要包括 4 个因子:致灾因子危险性、承灾体脆弱性、承灾体暴露性和防灾减灾能力。利用研究区气象观测站 1981—2020 年气象资料、农业气象观测资料和产量数据,根据确定的区划指标,分别计算各区划因子,并利用 ArcGIS 技术进行图层叠加计算,根据风险得分进行等级划分,得分越高,风险越高。

内蒙古干旱灾害小麦风险等级空间分布如图 5.2.4 所示。按照干旱灾害调查与风险评估技术规范要求,采用自然断点法将干旱灾害小麦风险划分为 5 个等级,分别为低风险区、较低风险区、中风险区、较高风险区和高风险区。

1. 低风险区

占内蒙古全区总面积的 20.5%,分布在内蒙古东部牧区和大兴安岭山脉地区。上述区域干旱致灾因子危险性最低,且距离河流较近,该地区应利用良好的水资源扩大灌溉面积,调整春小麦种植面积。

2. 较低风险区

占内蒙古全区农区总面积的 30.1%,主要分布在内蒙古中东部地区。上述地区位于东部主要农区,农业资源丰富,有嫩江支流经过,雨量充沛,可适当扩大春小麦种植积。

3. 中风险区

占内蒙古全区总面积的 19.1%,主要包括内蒙古中部、东部偏东、西部偏南地区。该区域位于低山丘陵区,降水充足,热量资源略高于低风险区,气候适宜,该区应进一步优化当前农业生产能力,同时实行各项综合农业技术措施,防御干旱危害。

4. 较高风险区

占内蒙古全区总面积的 14.6%,主要分布在内蒙古西部偏北地区。上述地区降水偏少,距离河流水系相对较远,灌溉成本高,春小麦干旱灾害风险最高,本区要注意选用抗旱品种,在提高单产的同时,要具

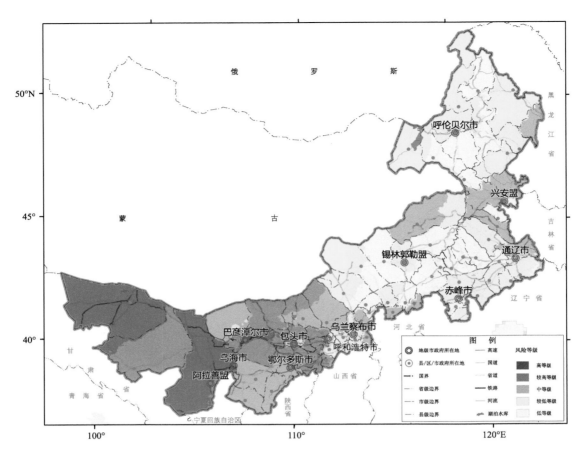

图 5.2.4　内蒙古自治区干旱灾害小麦风险等级区划

有一定的抗旱能力。

5. 高风险区

占内蒙古全区总面积的 15.7%,主要分布在内蒙古西部偏西地区。上述地区春小麦干旱灾害风险最高,该区应积极推广和应用滴灌、喷灌等先进的农业节水新技术,同时适当开展退耕还林工程建设,提高总体农业效益。

5.2.3.3　水稻

基于内蒙古干旱灾害水稻风险评估指数,绘制内蒙古自治区干旱灾害水稻风险等级区划图(图5.2.5)。相比其他农作物,内蒙古水稻分布面积相对较小,干旱风险等级较低区主要分布在兴安盟扎赉特旗中部偏南、兴安盟乌兰浩特市西部和科尔沁右翼前旗中部偏南、赤峰市翁牛特旗西拉木伦河和老哈河河道附近、鄂尔多斯市达拉特旗北部等水稻种植区,其他区域为低等级。

5.2.3.4　大豆

按照干旱灾害调查与风险评估技术规范要求,采用自然断点法将大豆干旱灾害风险划分为5个等级,分别为低风险区、较低风险区、中风险区、较高风险区和高风险区。内蒙古干旱灾害大豆风险等级空间分布如图 5.2.6 所示。

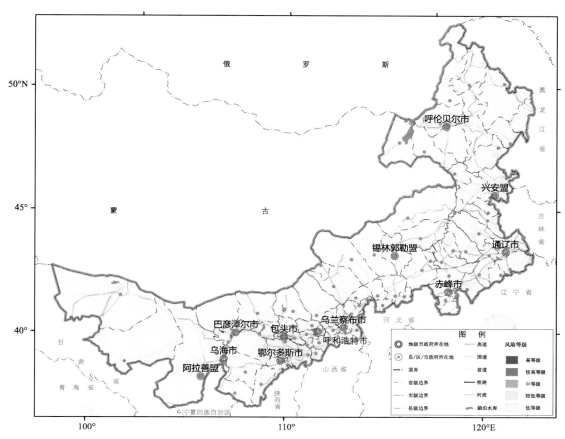

图 5.2.5　内蒙古自治区干旱灾害水稻风险等级区划

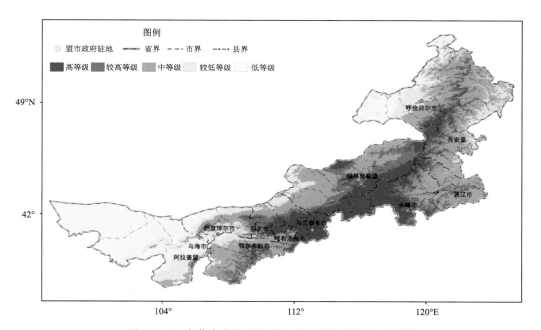

图 5.2.6　内蒙古自治区干旱灾害大豆风险等级区划图

内蒙古大豆干旱灾害低风险区和较低风险区面积为 365073.43 km²,占全区面积 31%,而较高风险区和高风险区面积达 432540.04 km²,占全区面积的 37%,说明内蒙古农田干旱灾害风险等级较高的占比较大。

结合内蒙古自治区热量资源和水分资源分布情况,并参考当地河流水系分布,大豆干旱风险分区评估如表5.2.1。

表5.2.1 内蒙古自治区干旱灾害大豆风险各等级面积

风险等级	面积/km²	占耕地面积比例/%
低风险区	198897.89	17
较低风险区	166175.54	14
中风险区	373543.58	32
较高风险区	164496.69	14
高风险区	268043.35	23
合计	1171157.05	100

1. 低风险区

本区面积为198897.89 km²，占全区总面积的17%，主要分布在呼伦贝尔市西南部、兴安盟西北部、通辽市偏北、赤峰市西部及南部、中部偏南大部地区。该区域年降水量大部为400 mm以上，≥10 ℃积温为1300～2500 ℃，无霜期日式为60～130 d。由于自然降水较多，且灌溉水平较高，使其风险大大降低；其干旱频率、强度都是全区最小地区，干旱的发生多为轻旱，对产量的影响较小。本区大部应进一步保持和优化当前灌溉能力，充分利用该区域较好的水资源条件，适当扩大大豆种植面积，使大豆产量高而稳定；本区偏北地区干旱风险虽然较低，但热量条件是大豆生长发育的限制因子，需因地制宜调整大豆种植面积。

2. 较低风险区

本区面积为166175.54 km²，占全区总面积的14%，主要分布在呼伦贝尔市岭东部分地区、兴安盟西部、通辽市中部、赤峰市中部偏东、中部偏北部分地区及西部偏东地区。上述地区年降水量基本为400～500 mm、中部偏北部分地区为300～400 mm，≥10 ℃积温为2000～3500 ℃，无霜期日数为100～160 d。本区灌溉能力良好，因此，应重点发展蓄水、保水技术，气象部门应加强对干旱的滚动监测，做到旱时能浇；同时要提高抗旱能力，要充分利用区域水系开展水利设施建设，提高有效灌溉率。

3. 中风险区

本区面积为373543.58 km²，占耕地总面积的18%，主要分布在呼伦贝尔市岭西部分地区及岭东零星地区、兴安盟东部、东部南部偏东、中部偏北大部、鄂尔多斯西部、巴彦淖尔市中部。该区域年降水量大部为250～350 mm，呼伦贝尔市、兴安盟部分地区为350～400 mm；≥10 ℃积温大部为2000～3500 ℃，无霜期日数大部140～160 d。该区降水较充足，光热条件良好，且境内水系较多，抗灾能力较强。该区域应充分利用区域水域、河流开展水利设施建设，提高灌溉能力。

4. 较高风险区

本区面积为164496.69 km²，占全区总面积的14%，主要分布在包括呼伦贝尔市偏西及岭东南地区、兴安盟偏东零星地区、中部偏北零星地区、鄂尔多斯市偏西、巴彦淖尔市大部、阿拉善盟偏南地区，大豆干旱灾害风险相对较高。上述地区年降水量为50～250 mm，≥10 ℃积温大部地区为3500 ℃以上，无霜期日数大部地区为140 d以上。本区除河套灌区东部外，大部地区基本无灌溉措施，自然降水补给不足，防灾减灾能力较低，因此该区应重点兴修水利设施，完善灌溉措施；不能灌溉的旱地应采取一系列保墒措施，提高自然水分利用率。

5. 高风险区

本区面积为268043.35 km²，占耕地总面积的23%，主要分布在呼伦贝尔市岭西、鄂尔多斯市偏北、巴彦淖尔市北部、阿拉善盟大部，大豆干旱灾害风险最高。上述地区年降水量大部不足200 mm，其中阿拉善盟大部不足100 mm；≥10 ℃积温大部地区为3500 ℃以上，阿拉善盟北部达4000 ℃以上；无霜期日数大部地区为 140 d 以上,阿拉善盟大部、巴彦淖尔市北部达 160 d 以上。本区降水偏少,空气干燥,气候炎热,灌溉条件较匮乏,而蒸散较强,干旱发生频率高、强度大;本区如果依靠自然降水无法满足大豆生产需要,应适当减少大豆种植面积;如果具备灌溉条件则可以利用有利气候条件发展大豆生产。

5.2.3.5 马铃薯

利用地理信息技术(GIS)的空间叠置运算,按照极差标准化后的综合干旱风险程度的评估模型,得到马铃薯干旱灾损综合风险区划图,按照自然断点法划分为 5 个等级。内蒙古干旱灾害马铃薯风险等级空间分布如图 5.2.7 所示。

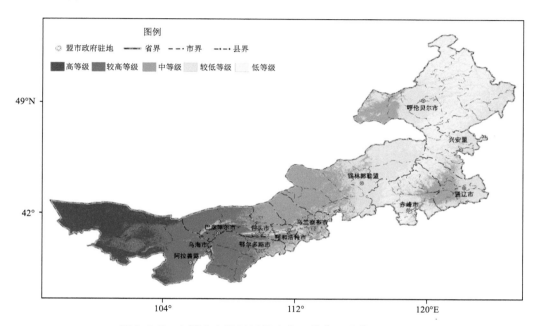

图 5.2.7 内蒙古自治区干旱灾害马铃薯风险等级区划图

1. 高风险区

本区极差化综合风险指标>0.75,主要分布在阿拉善盟的西部,所占面积比例为 11.61%。本区固有的干旱气候特征,是左右马铃薯生产的主要灾害,加上本区抗灾能力最低,所以综合各项指标,本区属于马铃薯干旱灾害高风险区。

2. 较高风险区

本区极差化综合风险指标 0.65~0.75,包括鄂尔多斯市和巴彦淖尔市,所占面积比例为 18.16%。该区年降水量在 150~400 mm,全生育期降水量在 100~350 mm,但马铃薯全生育期的需水量为 450 mm 左右,各站点降水量都不能满足需水要求,个别站点自然水分亏缺多达一半以上,降水量低导致干旱发生频率高,降水的变率也大,使得马铃薯产量低而不稳定,减产幅度大,属于马铃薯干旱灾害较高风险区。

3. 中风险区

本区极差化综合风险指标 0.55~0.65,包括乌兰察布、包头和呼和浩特市部分地区、通辽市中部、呼伦贝尔市西北部,所占面积比例为 22.74%。该区年降水量在 340~450 mm,全生育期降水量在 300~400 mm,各站点降水量还都不能满足需水要求,但明显比高风险区降水量多。本区的干旱气候特征,仍然是左右马铃薯生产的主要灾害,干旱致险度和脆弱性指标值较高,但是抗灾能力较高。综合各项指标,本区属于马铃薯干旱灾害中风险区。

4. 较低风险区

本区极差化综合风险指标 0.45～0.55，包括赤峰市西部和北部、通辽市东南部、兴安盟、呼伦贝尔市东南部地区，分布区域面积最大，所占比例为 30.82%。该区年降水量在 360～500 mm，全生育期降水量在 320～450 mm，部分站点降水量已基本能满足马铃薯的需水要求，干旱风险明显较少，产量相对较高，基本稳产。本区气候特征对马铃薯产量的影响逐渐减弱，而且该区暴露性和脆弱性指标值也较低，抗灾能力较高。综合各项指标，本区属于马铃薯干旱灾害较低风险区。

5. 低风险区

本区极差化综合风险指标≤0.45，主要位于呼伦贝尔中部、兴安盟西部，所占比例为 16.67%。该区降水量能够满足马铃薯的需水要求，干旱灾害事件较少，产量相对较高，基本稳产，干旱对马铃薯产量的影响相对较小。综合各项指标，本区属于马铃薯干旱灾害低风险区。

5.2.3.6 草原

根据灾害风险综合评估模型计算公式，将致灾因子危险性(A)、承灾体暴露度(B)、承灾体危险性(C)和防灾抗灾能力(D)四因子的区划结果进行空间尺度匹配，采用专家打分法和层次分析法相结合的方法，得到各因子权重系数，利用自然断点法，得到内蒙古牧区干旱灾害风险等级空间分布如图 5.2.8 所示。

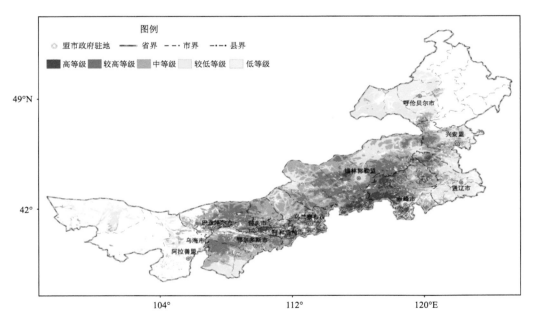

图 5.2.8　内蒙古自治区牧区干旱灾害风险等级区划图

1. 高风险区

共 215.30 km²，占内蒙古自治区草地总面积的 1.80%。主要分布在内蒙古自治区的东南部局部地区。以上地区气候降水稀少、干旱频发，是决定牧草产量的主要气象灾害，加上本区防灾抗灾能力最低，综合评价，上述地区为内蒙古牧区干旱灾害高风险区。

2. 较高风险区

共 2628.98 km²，占内蒙古自治区草地总面积的 21.95%。主要分布在内蒙古自治区北部及南部局部地区。以上地区仍然属于降水量较低地区，使得牧草产量低而不稳定，防灾减灾能力较差，综合评价，上述地区为内蒙古牧区干旱灾害较高风险区。

3. 中风险区

共 4765.64 km²，占内蒙古自治区草地总面积的 39.80%。主要分布在内蒙古自治区北部地区。以上地区海拔较高，河网密度较低，致灾因子危险性较高、承灾体暴露度较高。综合评价，上述地区为内蒙古牧区干旱灾害中风险区。

4. 较低风险区

共 3469.31 km²，占内蒙古自治区草地总面积的 28.97%。主要分布在内蒙古自治区北部地区。以上地区降水量基本能满足牧草的需水要求，干旱风险明显较少，产量相对稳定。综合评价，上述地区内蒙古牧区干旱灾害较低风险区。

5. 低风险区

共 895.88 km²，占内蒙古自治区草地总面积的 7.48%。主要分布在内蒙古自治区北部地区。以上地区降水量能够满足牧草的需水要求，干旱灾害事件较少，牧草产量相对较高，干旱对牧草产量的影响相对较小。综合评价，上述地区为内蒙古牧区干旱灾害低风险区。

5.3   大风

5.3.1   人口风险评估与区划

从内蒙古自治区大风灾害人口风险区划来看（图 5.3.1），大风灾害对人员安全的影响全区以低等级为主，在部分人口较为密集的地区，对人员安全的影响较高。其中，大风灾害对人员安全影响较高和高等级区主要分布在包头市、呼和浩特市、鄂尔多斯市。

5.3.2   GDP 风险评估与区划

从内蒙古自治区大风灾害 GDP 风险区划来看（图 5.3.2），大风灾害对经济的影响全区以低等级为主，在经济较为发达的地区，对经济的影响较高。其中，大风灾害对经济影响较高和高等级区主要分布在包头市、呼和浩特市、鄂尔多斯市。

5.3.3   农作物风险评估与区划

从内蒙古自治区大风灾害玉米风险区划来看（图 5.3.3），大风灾害对玉米的影响全区以低等级为主，在河套地区和大兴安岭以南地区有玉米种植的地区有一定风险。其中，大风灾害对玉米影响中等级及以上区域主要分布在巴彦淖尔市南部、鄂尔多斯市、呼和浩特市中部和南部、乌兰察布市南部、锡林郭勒盟南部偏南、赤峰市、通辽市、兴安盟、呼伦贝尔市偏东地区。

从内蒙古自治区大风灾害小麦风险区划来看（图 5.3.4），大风灾害对小麦的影响全区以低等级为主，在河套地区和大兴安岭等有小麦种植的地区有一定风险。其中，大风灾害对小麦影响中等级及以上区域主要分布在巴彦淖尔市南部、鄂尔多斯市、包头市、呼和浩特市中部和南部、乌兰察布市南部、锡林郭勒盟南部偏南、赤峰市、通辽市、兴安盟西南部、呼伦贝尔市中部地区。

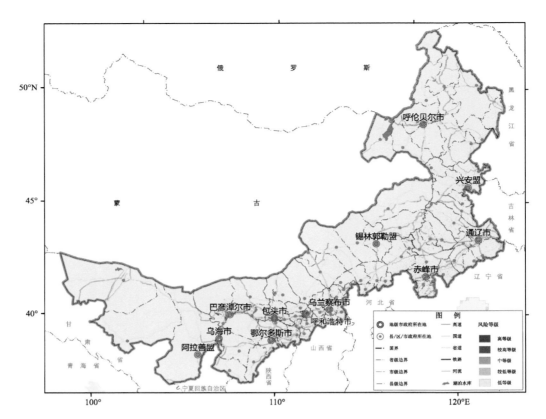

图 5.3.1 内蒙古自治区大风灾害人口风险等级区划

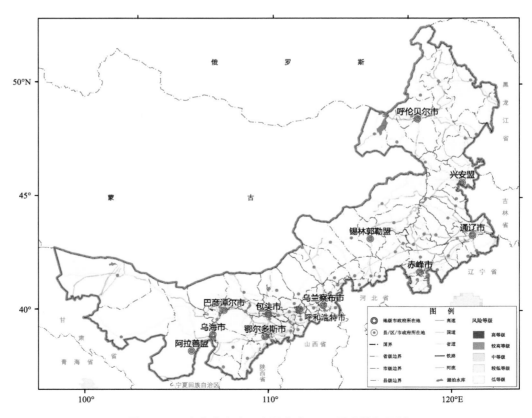

图 5.3.2 内蒙古自治区大风灾害 GDP 风险等级区划

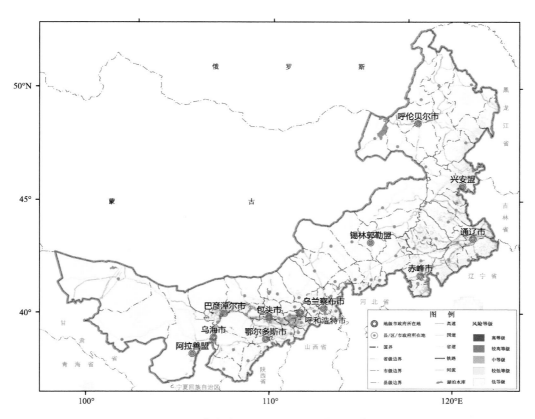

图 5.3.3　内蒙古自治区大风灾害玉米风险等级区划

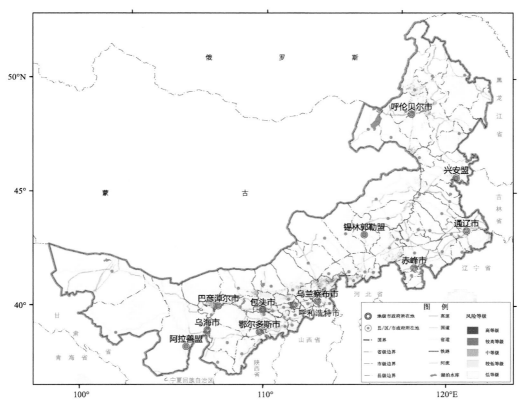

图 5.3.4　内蒙古自治区大风灾害小麦风险等级区划

从内蒙古自治区大风灾害水稻风险区划来看（图5.3.5），大风灾害对水稻的影响全区以低等级为主，在有水稻种植的地区以较低等级为主。其中，大风灾害对水稻影响较低等级区主要分布在巴彦淖尔市、赤峰市、兴安盟。

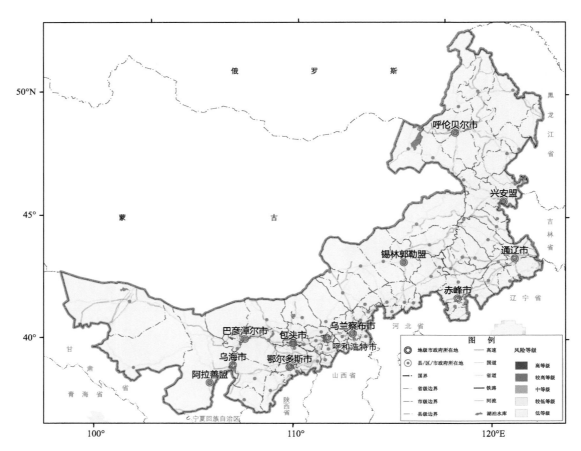

图 5.3.5　内蒙古自治区大风灾害水稻风险等级区划

5.4　冰雹

5.4.1　人口风险评估与区划

基于内蒙古冰雹灾害人口风险评估指数，结合行政区划进行空间划分，采用自然断点法将风险等级划分为 5 个等级，分别对应高风险区（1 级）、较高风险区（2 级）、中风险区（3 级）、较低风险区（4 级）和低风险区（5 级），并绘制内蒙古冰雹灾害人口风险区划图（图 5.4.1）。可以看出，内蒙古冰雹灾害人口风险高和较高的区域主要分布在内蒙古西部偏东北和中部偏西南，即鄂尔多斯市东北部、包头市南部、呼和浩特市中部为人口风险高等级区域，其余地区为低等级区域。

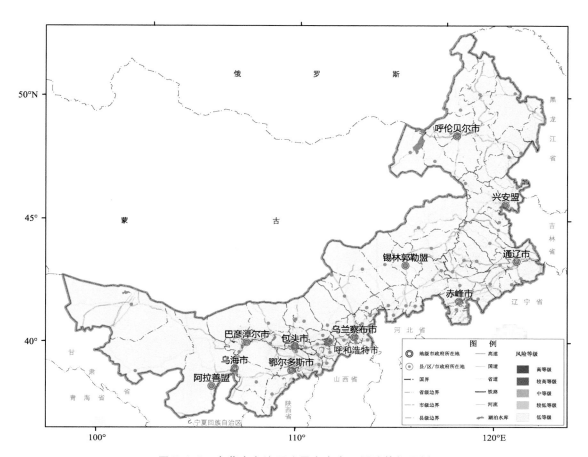

图 5.4.1　内蒙古自治区冰雹灾害人口风险等级区划

5.4.2　GDP 风险评估与区划

基于内蒙古冰雹灾害 GDP 风险评估指数,结合行政区划进行空间划分,采用自然断点法将风险等级划分为 5 个等级,分别对应高风险区(1 级)、较高风险区(2 级)、中风险区(3 级)、较低风险区(4 级)和低风险区(5 级),并绘制内蒙古冰雹灾害 GDP 风险区划图(图 5.4.2)。内蒙古冰雹灾害 GDP 风险空间分布特征与冰雹灾害人口风险空间分布有一定的相似,可以看出,内蒙古冰雹灾害 GDP 风险高和较高的区域主要分布在内蒙古西部偏东北和中部偏西南,即鄂尔多斯市东北部、包头市南部、呼和浩特市中部为 GDP 风险高等级区域,其余地区为低等级区域。

5.4.3　农作物风险评估与区划

基于内蒙古冰雹灾害小麦风险评估指数,结合行政区划进行空间划分,采用自然断点法将风险等级划分为 5 个等级,分别对应高风险区(1 级)、较高风险区(2 级)、中风险区(3 级)、较低风险区(4 级)和低风险区(5 级),并绘制内蒙古冰雹灾害小麦风险区划图(图 5.4.3)。可以看出,内蒙古冰雹灾害小麦风险整体以低和较低等级为主,中等级以上的风险区主要集中在巴彦淖尔市南部、包头市南部、呼和浩特市北部、乌兰察布市南部、锡林郭勒盟西南部、赤峰市西部、呼伦贝尔市中部。

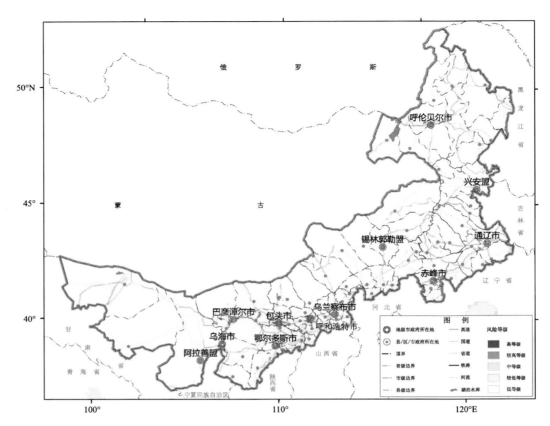

图 5.4.2 内蒙古自治区冰雹灾害 GDP 风险等级区划

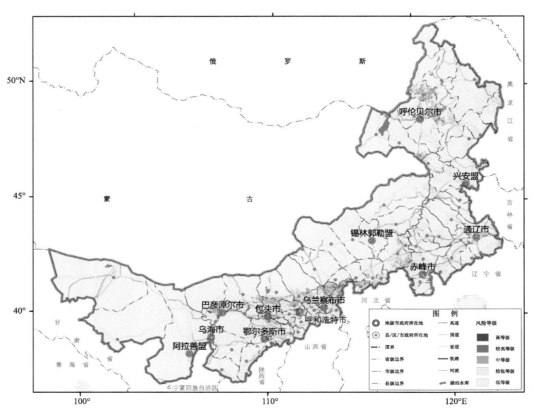

图 5.4.3 内蒙古自治区冰雹灾害小麦风险等级区划

基于内蒙古冰雹灾害玉米风险评估指数,结合行政区划进行空间划分,采用自然断点法将风险等级划分为 5 个等级,分别对应高风险区(1 级)、较高风险区(2 级)、中风险区(3 级)、较低风险区(4 级)和低风险区(5 级),并绘制内蒙古冰雹灾害玉米风险区划图(图 5.4.4)。可以看出,内蒙古冰雹灾害玉米风险整体以低和较低等级为主,中等级以上的风险区主要集中在巴彦淖尔市南部、包头市南部、呼和浩特市中部和南部、乌兰察布市中部和南部、锡林郭勒盟西南部、赤峰市中部和南部、通辽市大部、兴安盟东部、呼伦贝尔市东南部。

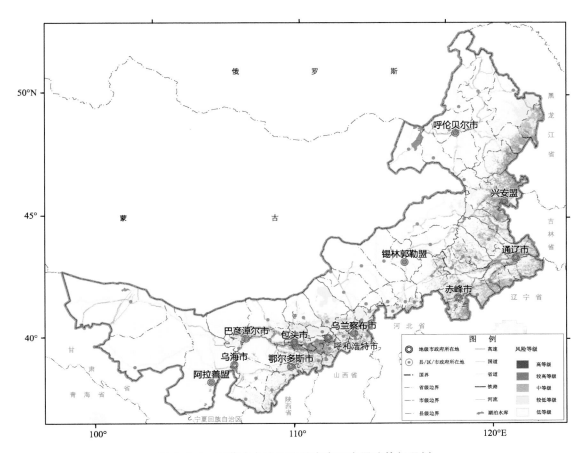

图 5.4.4　内蒙古自治区冰雹灾害玉米风险等级区划

基于内蒙古冰雹灾害水稻风险评估指数,结合行政区划进行空间划分,采用自然断点法将风险等级划分为 5 个等级,分别对应高风险区(1 级)、较高风险区(2 级)、中风险区(3 级)、较低风险区(4 级)和低风险区(5 级),并绘制内蒙古冰雹灾害水稻风险区划图(图 5.4.5)。可以看出,内蒙古冰雹灾害水稻风险整体以低和较低等级为主,无中高风险等级。较低风险等级主要集中在巴彦淖尔市南部、鄂尔多斯市东北部、呼和浩特市中部、乌兰察布市中部、赤峰市北部和东部部分地区、通辽市中部和南部部分地区、兴安盟东部、呼伦贝尔市东南部部分地区。

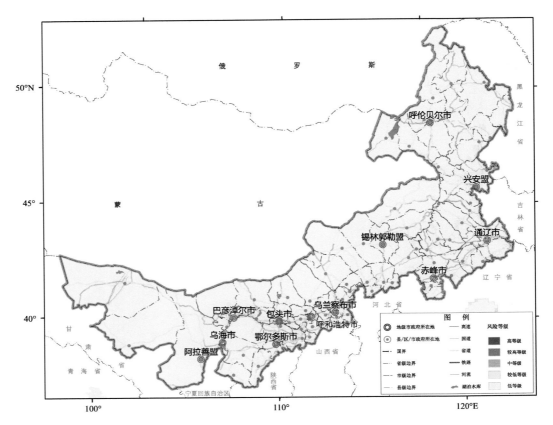

图 5.4.5　内蒙古自治区冰雹灾害水稻风险等级区划

5.5　高温

5.5.1　人口风险评估与区划

基于内蒙古高温灾害人口风险评估指数,结合行政区划进行空间划分,采用自然断点法将风险等级划分为 5 个等级,分别对应高风险区(1 级)、较高风险区(2 级)、中风险区(3 级)、较低风险区(4 级)和低风险区(5 级),并绘制内蒙古高温灾害人口风险等级区划图(图 5.5.1)。

由图 5.5.1 可以看出,内蒙古高温灾害人口风险主要取决于人口分布,即人口越集中的地区,其受灾人口风险越高。高、较高等级风险区主要位于呼和浩特市中部、包头市南部、鄂尔多斯市东北部等地,中、较低等级风险区主要出现在旗(县、区)政府所在地,其他地区为人口风险低等级区。

5.5.2　GDP 风险评估与区划

基于内蒙古高温灾害 GDP 风险评估指数,结合行政区划进行空间划分,采用自然断点法将风险等级划分为 5 个等级,分别对应高风险区(1 级)、较高风险区(2 级)、中等风险区(3 级)、较低风险区(4 级)和低风险区(5 级),并绘制内蒙古高温灾害 GDP 风险等级区划图(图 5.5.2)。

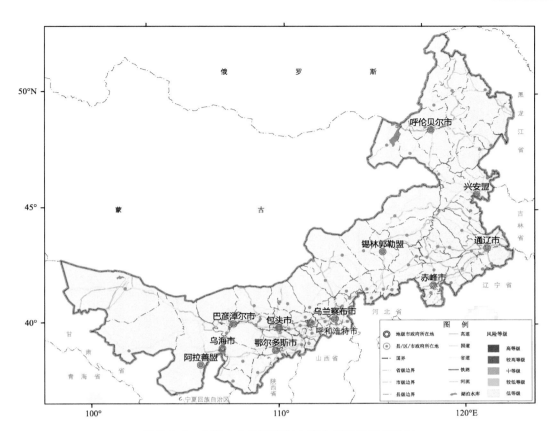

图 5.5.1　内蒙古自治区高温灾害人口风险等级区划

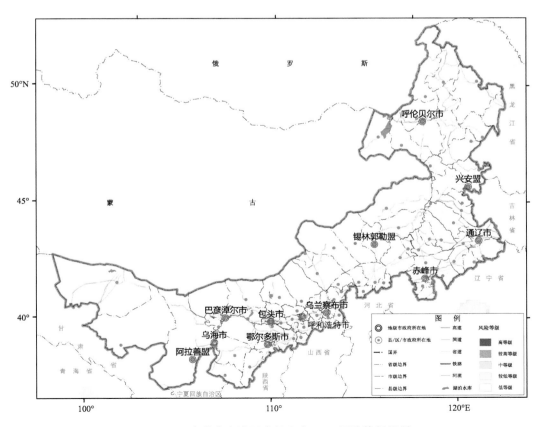

图 5.5.2　内蒙古自治区高温灾害 GDP 风险等级区划

　　由图 5.5.2 可以看出,内蒙古高温灾害 GDP 风险受致灾危险性和经济暴露度影响,高温灾害 GDP 高、较高等级风险区主要位于经济较为密集的呼和浩特市中部、包头市、鄂尔多斯市等地,各旗(县、区)政府所在地属于较低等级风险区,其余大部地区为低等级风险区。

5.5.3　农作物风险评估与区划

　　从内蒙古自治区高温灾害小麦风险区划来看,高温灾害对小麦的影响主要分布在小麦主要种植区域。较高等级风险主要分布在巴彦淖尔市南部、鄂尔多斯市东北部沿河等小麦种植区,中等等级风险主要分布在包头市中部、乌兰察布市中部、赤峰市中部偏西、呼伦贝尔市中部偏西等小麦种植区,较低等级主要分布在鄂尔多斯市偏南部和偏东北部、包头市南部、呼和浩特市北部、乌兰察布市南部、锡林郭勒盟偏南部、赤峰市中东部、通辽市中部、兴安盟及呼伦贝尔市南部和偏东部等小麦种植区(图 5.5.3)。

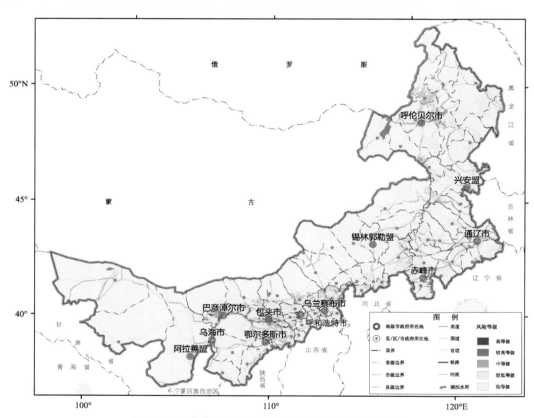

图 5.5.3　内蒙古自治区高温灾害小麦风险等级区划

　　从内蒙古自治区高温灾害玉米风险区划来看,高温灾害对玉米的影响主要分布在玉米的主要种植区域。高、较高等级风险主要分布在巴彦淖尔市南部偏东、鄂尔多斯市东北部沿河地区、呼和浩特市中部、通辽市中部、兴安盟偏东部等玉米种植区,中等、较低等级风险主要分布在巴彦淖尔市南部偏西和北部偏东、包头市南部、呼和浩特市偏北部和偏南部、乌兰察布市大部、锡林郭勒盟偏南部、赤峰市大部、通辽市偏南部和北部、兴安盟大部及呼伦贝尔市偏东部等玉米种植区(图 5.5.4)。

　　从内蒙古自治区高温灾害水稻风险区划来看,高温灾害对水稻的影响主要分布在水稻的主要种植区域。高、较高等级风险主要分布在鄂尔多斯市东北部沿河地区、赤峰市中部偏东、通辽市东南部、兴安盟偏东部等水稻种植区,中等、较低等级风险主要分布在巴彦淖尔市南部偏西、鄂尔多斯市东北部和东南部、呼和浩特市中部偏西、赤峰市北部和东南部、通辽市北部、兴安盟中部及呼伦贝尔市东南部等水稻种植区(图 5.5.5)。

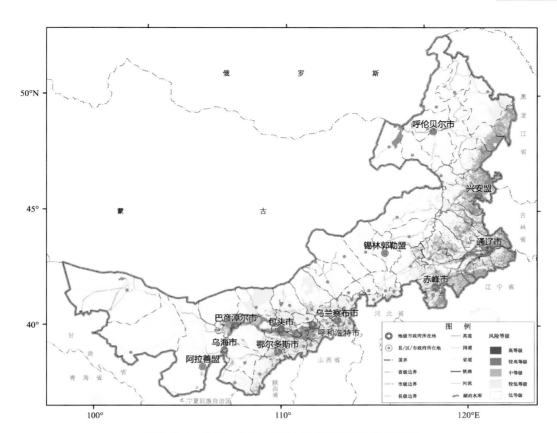

图 5.5.4 内蒙古自治区高温灾害玉米风险等级区划

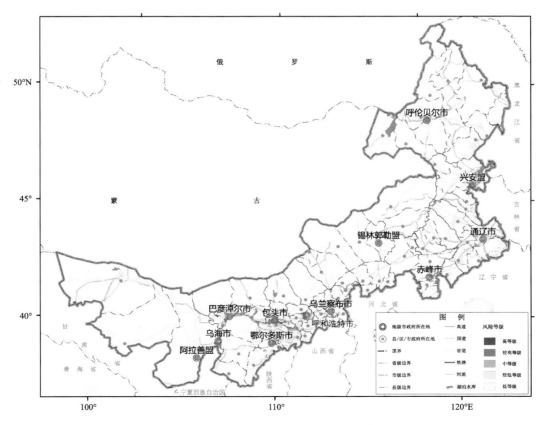

图 5.5.5 内蒙古自治区高温灾害水稻风险等级区划

5.6 低温 ▶▶▶

5.6.1 人口风险评估与区划

内蒙古低温人口风险主要集中在人口密度较大的地区。呼伦贝尔市中部和东南部、兴安盟中部、通辽市中南部、赤峰市南部、锡林郭勒盟东部和南部、乌兰察布市中南部、呼和浩特市大部、包头市南部、鄂尔多斯市中东部、巴彦淖尔市南部、乌海市以及阿拉善盟东部低温灾害人口风险较高,这些地方一般为盟(市)政府所在地,人口相对集中(图 5.6.1)。

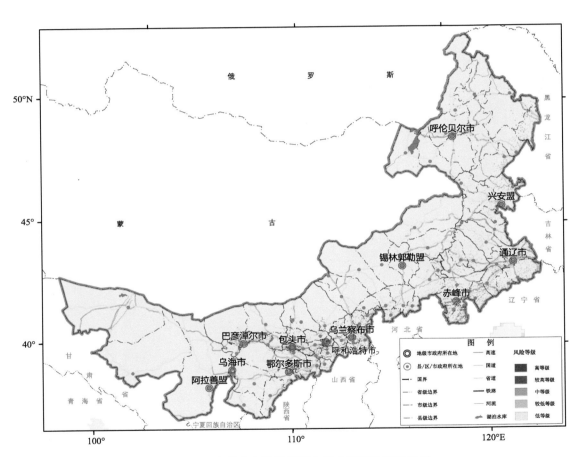

图 5.6.1　内蒙古自治区低温灾害人口风险等级区划

5.6.2 GDP 风险评估与区划

内蒙古低温灾害 GDP 风险较高区域与人口分布一致(图 5.6.2),人口风险较高的地区 GDP 风险也较高,说明城市或城镇区域,人口和 GDP 密度相对集中,其响应的低温风险较高。

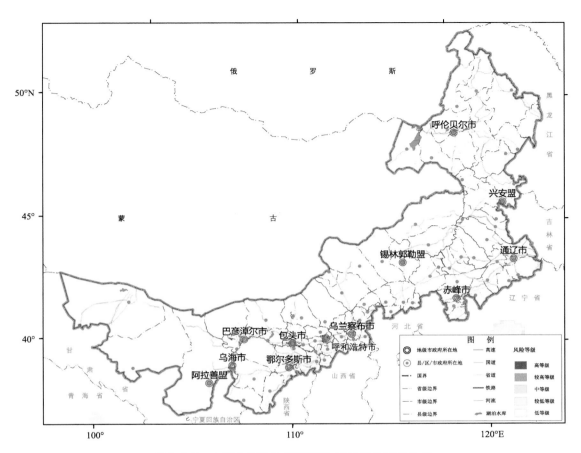

图 5.6.2　内蒙古自治区低温灾害 GDP 风险等级区划

5.6.3　农作物风险评估与区划

内蒙古低温灾害玉米风险呈现东南部高、北部低的趋势，这与玉米种植区域有一定关系。低温灾害玉米风险较高的区域主要位于呼伦贝尔市东南部、兴安盟中东部大部、通辽市大部、赤峰市大部、乌兰察布市南部、呼和浩特市大部、包头市南部、鄂尔多斯市东部以及巴彦淖尔市南部和中部部分地区（图 5.6.3）。

内蒙古低温灾害小麦风险与种植分布有关，风险较高的区域主要位于呼伦贝尔市中部和南部部分地区、兴安盟部分地区、通辽市中部、赤峰市中西部、乌兰察布市中南部、呼和浩特市中北部、包头市南部、鄂尔多斯市东部以及巴彦淖尔市南部（图 5.6.4）。

内蒙古水稻种植面积较小，低温灾害风险分布主要与其种植区分布有关。低温灾害水稻风险较高区域主要零星分布在呼伦贝尔市南部、兴安盟东部、通辽市中部、赤峰市东北部、鄂尔多斯市北部以及巴彦淖尔市南部（图 5.6.5）。

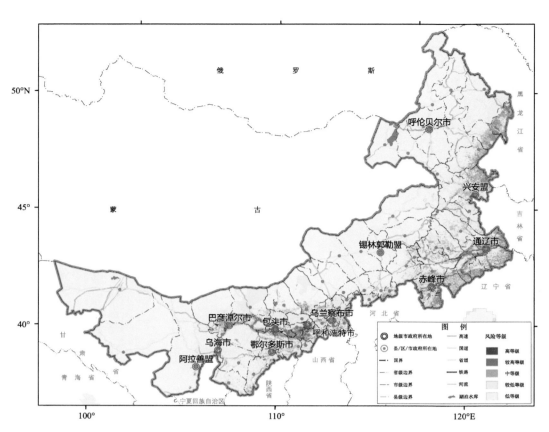

图 5.6.3　内蒙古自治区低温灾害玉米风险等级区划

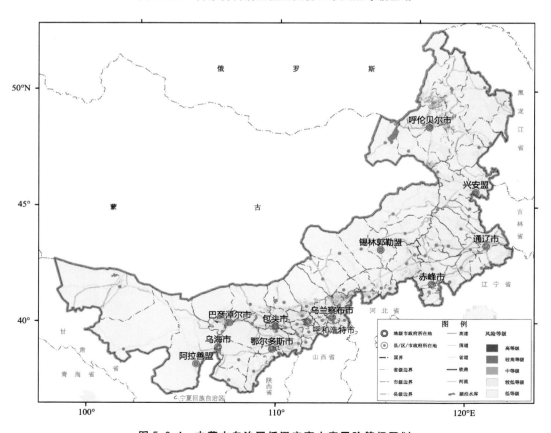

图 5.6.4　内蒙古自治区低温灾害小麦风险等级区划

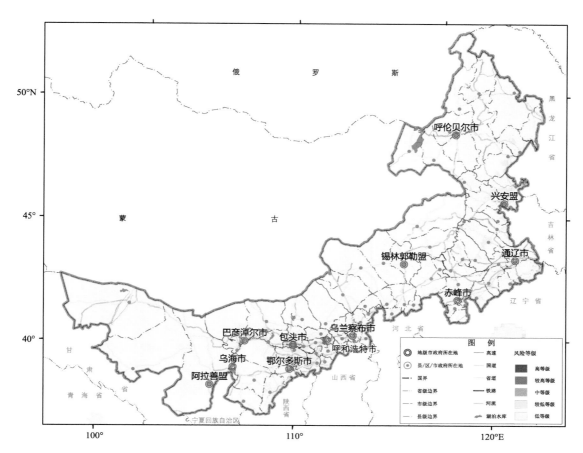

图 5.6.5 内蒙古自治区低温灾害水稻风险等级区划

5.7 雷电

5.7.1 人口风险评估与区划

雷电灾害综合风险指数公式中承灾体暴露度取人口密度 P_d、承灾体脆弱性取生命损失指数 C_l，并进行归一化处理后计算得到的风险指数值为雷电灾害人口伤亡风险。按照自然断点法将雷电灾害人口伤亡风险指数划分为 5 级，并绘制雷电灾害人口伤亡综合风险区划等级分布图，分布图根据划定的等级范围分别予以着色，具体要求见表 5.7.1。

表 5.7.1 雷电灾害人口伤亡风险区划分布图配色表

等级	级别含义	颜色	色值（CMYK 值）
Ⅰ级	高等级		0,100,100,25
Ⅱ级	较高等级		15,100,85,0
Ⅲ级	中等级		5,50,60,0
Ⅳ级	较低等级		5,35,40,0
Ⅴ级	低等级		0,15,15,0

　　由图 5.7.1 可以看出,雷电灾害人口伤亡风险区的分布与 GDP 损失风险区的分布情况相似,即高风险区主要位于鄂尔多斯市东部、包头市南部、呼和浩特市北部和南部、乌兰察布市西南部、通辽市西北部以及呼伦贝尔市中部地区。这些地区应着重为本地区的居民普及雷电防护知识,保护生命财产安全。

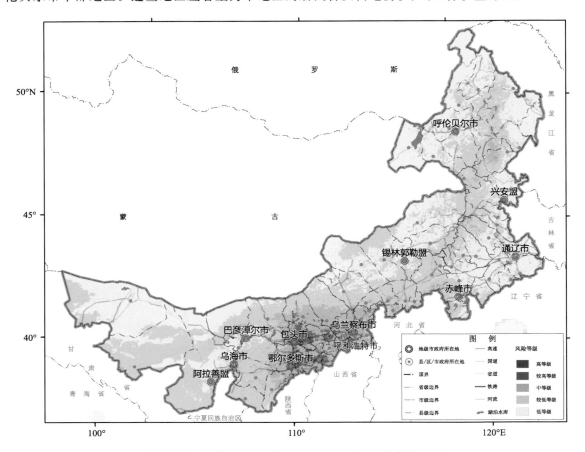

图 5.7.1　内蒙古自治区雷电灾害人口伤亡风险等级区划

5.7.2　GDP 风险评估与区划

　　雷电灾害综合风险指数公式中承灾体暴露度取 GDP 密度、承灾体脆弱性取经济损失指数,并进行归一化处理后计算得到的风险指数值为雷电灾害 GDP 损失风险。按照自然断点法将雷电灾害 GDP 综合风险指数划分为 5 级,并绘制雷电灾害 GDP 综合风险区划等级分布图,分布图根据划定的等级范围分别予以着色,具体要求见表 5.7.2。

表 5.7.2　雷电灾害 GDP 损失风险区划分布图配色表

等级	级别含义	颜色	色值(CMYK 值)
Ⅰ级	高等级		15,100,85,0
Ⅱ级	较高等级		7,50,60,0
Ⅲ级	中等级		0,5,55,0
Ⅳ级	较低等级		0,2,25,0
Ⅴ级	低等级		0,0,10,0

从内蒙古自治区雷电灾害 GDP 风险等级区划(图 5.7.2)可以看出,全区雷电灾害 GDP 损失的高风险区集中分布在内蒙古自治区中西部地区,包括鄂尔多斯市东部、包头市南部、呼和浩特市北部和南部以及乌兰察布市西南部。此外,在通辽市西北部和呼伦贝尔市中部地区也零星分布着高风险区域。这些地方由雷电灾害造成经济损失的风险较高,应多加防范。

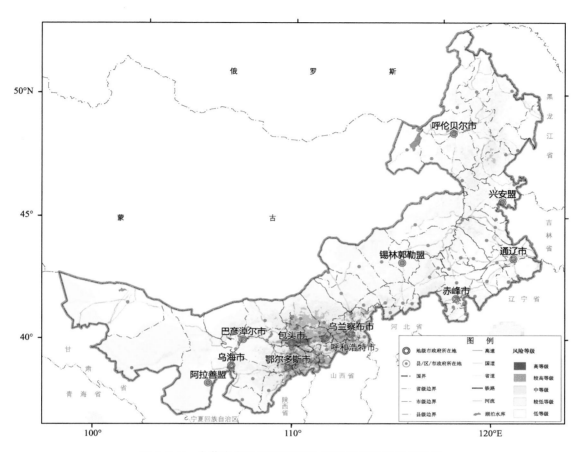

图 5.7.2　内蒙古自治区雷电灾害 GDP 损失风险等级区划

5.8　雪灾

5.8.1　人口风险评估与区划

根据雪灾人口风险评估结果,综合考虑行政区划,采用自然断点法将雪灾人口风险进行空间单元划分,共分为 5 个等级,分别为高风险(1 级)、较高风险(2 级)、中风险(3 级)、较低风险(4 级)、低风险(5 级),并绘制全区雪灾人口风险区划图(图 5.8.1)。

内蒙古自治区雪灾人口风险区划显示,雪灾人口风险等级分布与危险性分布趋势一致,具有从南至北、从西至东逐渐增大的趋势,与危险性区划不同的是,旗、县、区城镇所在地由于人口密集,等级有所升高。风险高等级、较高等级主要分布在呼伦贝尔市大兴安岭以西地区、兴安盟西北部、锡林郭勒盟东北部、

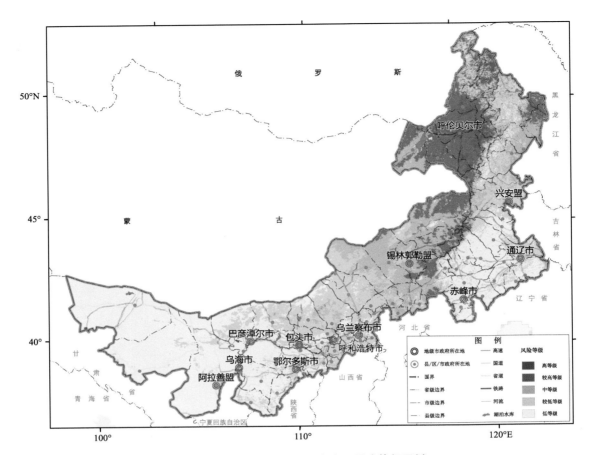

图 5.8.1　内蒙古自治区雪灾人口风险等级区划

锡林郭勒盟与赤峰交界的大兴安岭沿山地带、赤峰市西北部,其中高等级风险区分布在呼伦贝尔市西部、兴安盟西北部各旗、县、区城镇所在地等人口聚集区,这些区域在危险性分布图中为高危险区,与人口指数叠加后,风险指数最高,除此之外为较高风险等级。风险中等级与危险性图中的较高等级分布基本重合,分布在呼伦贝尔市大兴安岭以东地区、兴安盟大部、通辽市北部、锡林郭勒盟中部、乌兰察布市北部、包头市偏北局部、巴彦淖尔市偏北局部。风险较低、低等级与危险性图中的较低、低等级分布基本重合。风险的较低危险等级主要分布在兴安盟中南部、通辽市南部、赤峰市北部、锡林郭勒盟西北部、乌兰察布市中南部、呼和浩特市大部、包头市中北部、巴彦淖尔市北部、鄂尔多斯市东南部。风险低等级主要分布在通辽市中部、赤峰市中南部、包头市南部、鄂尔多斯市中西部、巴彦淖尔市南部、乌海市、阿拉善盟大部。

5.8.2　GDP 风险评估与区划

根据雪灾 GDP 风险评估结果,综合考虑行政区划,采用自然断点法将雪灾风险进行空间单元划分,共分为 5 个等级,分别为高风险(1 级)、较高风险(2 级)、中风险(3 级)、较低风险(4 级)、低风险(5 级),并绘制全区雪灾 GDP 风险区划图(图 5.8.2)。

内蒙古自治区雪灾 GDP 风险区划显示,雪灾 GDP 风险等级分布与雪灾人口风险等级图分布趋势一致。风险高等级、较高等级主要分布在呼伦贝尔市大兴安岭以西地区、兴安盟西北部、锡林郭勒盟东北部、锡林郭勒盟与赤峰交界的大兴安岭沿山地带、赤峰市西北部,其中高等级风险区分布在呼伦贝尔市西部、

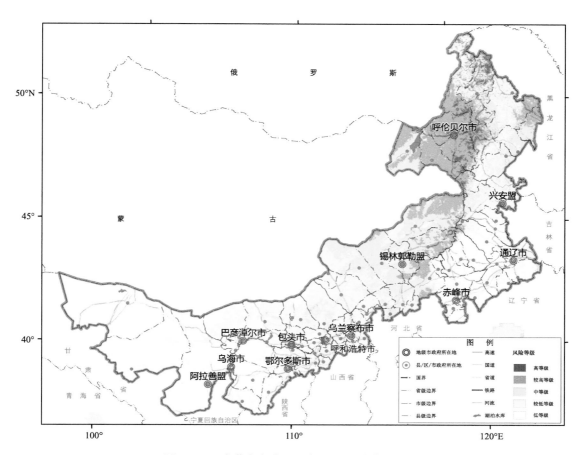

图 5.8.2　内蒙古自治区雪灾 GDP 风险等级区划

兴安盟西北部各旗、县、区城镇所在地等人口聚集区,除此之外为较高风险等级。风险中等级分布在呼伦贝尔市大兴安岭以东地区、兴安盟大部、通辽市北部、锡林郭勒盟中部、乌兰察布市北部、包头市偏北局部、巴彦淖尔市偏北局部。风险较低危险等级主要分布在兴安盟中南部、通辽市南部、赤峰市北部、锡林郭勒盟西北部、乌兰察布市中南部、呼和浩特市大部、包头市中北部、巴彦淖尔市北部、鄂尔多斯市东南部。风险低等级主要分布在通辽市中部、赤峰市中南部、包头市南部、鄂尔多斯市中西部、巴彦淖尔市南部、乌海市、阿拉善盟大部。

5.9　沙尘暴 >>>

5.9.1　人口风险评估与区划

根据内蒙古自治区沙尘暴灾害人口风险评估结果(图 5.9.1)得出,内蒙古自治区沙尘暴灾害人口风险主要受人口分布的影响,乌海市,巴彦淖尔市临河区、杭锦后旗,包头市东河区、昆都仑区、青山区、石拐区、土默特右旗,呼和浩特市新城区、回民区、玉泉区为沙尘暴灾害人口风险高风险区,风险等级为Ⅰ级;赤峰市林西县、克什克腾旗,通辽市科尔沁区、科尔沁左翼中旗、开鲁县、扎鲁特旗,鄂尔多斯市康巴什区、伊金霍洛旗为沙尘暴灾害人口风险较高风险区,风险等级为Ⅱ级;其他地区为中、较低和低等级风险区。

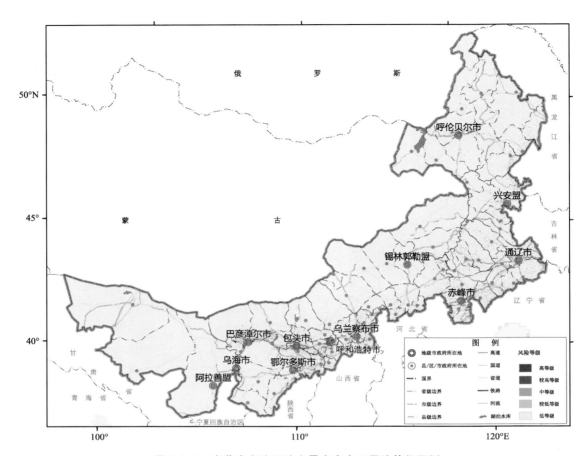

图 5.9.1　内蒙古自治区沙尘暴灾害人口风险等级区划

5.9.2　GDP 风险评估与区划

根据内蒙古自治区沙尘暴灾害 GDP 风险评估结果(图 5.9.2)得出,内蒙古自治区沙尘暴灾害 GDP 风险主要受经济分布的影响,乌海市,巴彦淖尔市临河区、杭锦后旗,包头市的东河区、昆都仑区、青山区、石拐区、土默特右旗,呼和浩特市新城区、回民区、玉泉区为沙尘暴灾害 GDP 风险高风险区,风险等级为Ⅰ级;赤峰市林西县、克什克腾旗,通辽市科尔沁区、科尔沁左翼中旗、开鲁县、扎鲁特旗,鄂尔多斯市康巴什区、伊金霍洛旗为沙尘暴灾害 GDP 风险较高风险区,风险等级为Ⅱ级;其他地区为中、较低和低等级风险区。

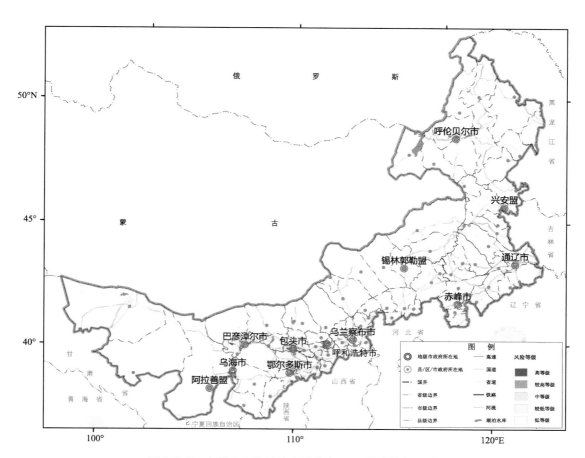

图 5.9.2 内蒙古自治区沙尘暴灾害 GDP 风险等级区划

第 6 章

气象灾害防御建议

强化灾害风险管理理念。应客观认识与把握气象灾害规律和气象灾害危险性水平,树立灾害风险管理和综合减灾理念,全面提升灾害综合防范意识,合理配置防灾减灾资源,提高综合防灾减灾能力、灾害风险管理能力和气象灾害防御能力。根据自治区暴雨、干旱、大风、冰雹、高温、低温、雷电、雪灾及沙尘暴气象灾害危险性和风险,加强气象灾害防御规划编制,加强气象灾害防御设施建设,有效避免或减轻气象灾害风险,为气象灾害防治、防灾减灾、应急管理和保障社会经济可持续发展提供科学决策依据。

健全防灾减灾救灾体制机制。针对气象灾害危险性和风险,科学调整防灾减灾部署,重点加强气象灾害高危险、高风险区及气象灾害频发地区的综合治理和防灾减灾工程体系建设,将气象灾害防御纳入自然灾害防治、应急管理和基层网格化社会治理体系。建立健全快速响应、高效联动的多部门气象灾害防范应对机制,完善应急预案、应急指挥机构,规范气象灾害及其引发的次生衍生灾害的应对措施和处置程序。强化灾害综合风险形势研判,在重大工程规划、建设和安全风险评估中,强化气象灾害危险性评估和风险评估。

加强防灾减灾科普宣传教育。充分利用世界气象日、防灾减灾日、科技活动周等重要科普宣传契机,加强策划,统筹组织做好防灾减灾科普宣传,广泛传播气象防灾减灾科学知识。鼓励、引导社会组织、个人和企业参与防灾减灾救灾活动和科普知识宣传教育,增强社会公众防御气象灾害的意识和自救互救能力,让公众获得防灾减灾所必需的知识和技能,提高公众防灾减灾意识和能力。

6.1　暴雨灾害

做好暴雨灾害引发的洪涝、地质等自然灾害应急管理和处置工作。城区和河流主河道附近是人口和GDP 风险主要集中区,建议作为暴雨灾害的主要防控区,修订基础设施标准,加强暴雨灾害防御设施建设。暴雨灾害农作物较高、高风险种植区,要做好排涝降渍、清沟理墒等田间管理,及时排除积水、减少渍涝,降低灾害影响。

6.2　干旱灾害

干旱是内蒙古主要的气象灾害之一,应加强抗旱组织领导和干旱灾害防御体系建设,强化政府主导、多部门联动的防灾减灾工作机制,有效部署和落实抗旱工作,推进综合防灾减灾。加大人工影响天气经费投入,加强人工增雨能力建设。在干旱灾害风险集中区域,加强用水调度、水利基础设施建设等工作,调整农业种植结构,选育抗旱、耐旱等适宜品种,发展设施农业,积极组织实施人工增雨,增加自然降水。

6.3　高温灾害

做好高温灾害防御、应急管理和处置工作。在高温灾害较高以上风险区,将提高灾害防御能力、减轻气象灾害风险作为防灾减灾的主要内容,重点加强城镇电力设施、水利设施、医疗设施等建设工作,防范高温灾害对农牧业、人体健康、生产生活等的影响,协调做好应急资金、医疗救助、供水供电调度工作,加强高温天气防暑降温知识科普宣传,提高公众自我保护和防范意识,提高高温灾害防御水平。

6.4 低温灾害 》》》

　　建立完善应对低温灾害的应急预案,制定低温灾害防御、应急处置措施。在风险较高的农区,建议加强农田基本建设和田间管理,科学规划农业布局,优化农业生产结构,合理选用培育耐寒能力强的作物品种,加强温室大棚等基础设施建设。在风险较高的牧区,建议加强棚圈建设、饲料储备及添置取暖保暖设备等,增强抗低温灾害保畜能力。

6.5 大风灾害 》》》

　　建立气象、住建、应急、电力、农业等多部门联动的大风灾害防御及应急处置机制,加强城镇规划、农业设施、建筑或户外作业的管理。在大风灾害风险相对集中地区,应调整农业种植结构,选育抗风、矮杆等适宜品种,营造防风林带和农田防护林网。加固棚架、临时搭建物,加强防风设施建设。建筑、农业、电力等重大工程应充分考虑大风灾害危险性进行规划、建设。

6.6 冰雹灾害 》》》

　　建立以地方政府为主导,气象、应急、农业等多部门联动的冰雹灾害防御体系,制定气象灾害防御、应急处置措施。在冰雹灾害风险相对集中区域,应加强田间管理,做好农业生产指导,应对和防范冰雹灾害带来的损失。人口、GDP 集中区域,强化防范意识,做好冰雹灾害防御。加大人工防雹作业资金投入。

6.7 雪灾 》》》

　　建立健全应对雪灾的应急预案,增强风险意识,加强气象、城建、交通、电力、通信等多部门的协作和联动,有效部署和落实防灾减灾救灾工作。在雪灾风险相对高的地区,加强农业、电力、交通、工业等基础设施建设,防范雪灾对设施农业、蔬菜大棚、电力设施及交通和公众出行的影响和风险。加强草原监管、饲草料储备和暖棚修建,防范雪灾、极端降雪对牧业的影响。

6.8 雷电灾害 》》》

　　处于雷电活动的高发期和雷电灾害高风险区域的易燃易爆场所、矿区、旅游景区等场所应装设雷电监测预警信息接收系统,接收雷电预警信息,开展防雷设施安全隐患排查,加强雷电灾害高风险区的防御措施。进行高空作业和弱电系统设备的安装、调试应尽量避开雷暴高发期和时段。完善农村牧区防雷设施,降低雷电灾害人口、GDP 集中区域生命财产损失。多部门联动开展雷电灾害风险普查和科普宣传教育，提高雷电灾害防范意识。

6.9   沙尘暴灾害

  结合沙尘暴灾害的危险性和风险，应提高气象灾害防御能力、减轻灾害风险、加强应急处置。在沙尘暴灾害风险相对高的地区，需重点做好沙尘暴灾害防御、科普宣传、应急处置工作。应增强沙尘暴灾害性事件应急处置部门联动和互动，加大对沙尘暴灾害监测预报预警服务的资金投入和政策支持，提高沙尘暴灾害应对和综合服务能力。